地球永續漫畫 003

漫畫圖解——

地球環境與SDGs 3

防止地球暖化！

マンガでわかる！地球環境とＳＤＧｓ 第３巻 防ごう！地球温暖化

晨星出版

前言

如今地球暖化已成為問題，一般認為大氣中的二氧化碳（CO_2）等氣體增加就是原因。如果地球暖化持續加劇，陸地上的冰會融化使海平面上升，改變生物的棲息地，對生態系造成影響。

在本書中，將會探討地球暖化、酸雨和臭氧層破洞等圍繞地球的大氣問題。

Chase Dekker / Shutterstock.com

在同一個地點拍攝的阿拉斯加佩德森冰川。1917年時該地區被冰川覆蓋，但到了2005年冰川幾乎全部消失了。

The Glacier Photograph Collection, National Snow and Ice Data Center / World Data Center for Glaciology.

地球暖化導致北極海的冰層面積正在縮小，北極熊等生物的生存空間所剩無幾。

2019 年的夏天，熱浪席捲歐洲，法國巴黎的氣溫高達 42°C。地球暖化正在對我們的生活造成影響。照片中是巴黎民眾在艾菲爾鐵塔前戲水的情景。

Cynet Photo

第 3 冊

防止地球暖化！

主要和以下目標有關聯。

地球暖化、酸雨、臭氧層破洞和永續發展目標（SDGs）

目次

第3冊

防止地球暖化！

主要和以下目標有關聯。

地球暖化、酸雨、臭氧層破洞和永續發展目標(SDGs)

本套書籍皆採以下方式製作，以期降低對環境的負荷。

❶使用 PUR 膠裝訂成冊

PUR 熱熔膠是一種適用於紙張回收的黏著劑，不僅可以用來製作經久耐用的書籍，回收時又可與紙張完全分離。

❷使用植物性油墨

植物油墨水是以大豆油、亞麻仁油及椰子油等植物油代替石油的印刷油墨，可以減少揮發性有機化合物產生。

❸使用製程對環境友善的紙張

向從事環保事業活動的製造商採購紙張。

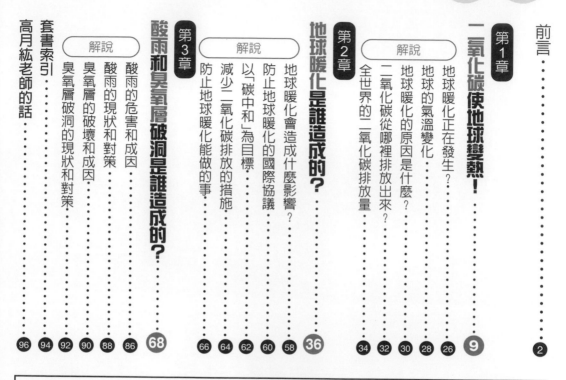

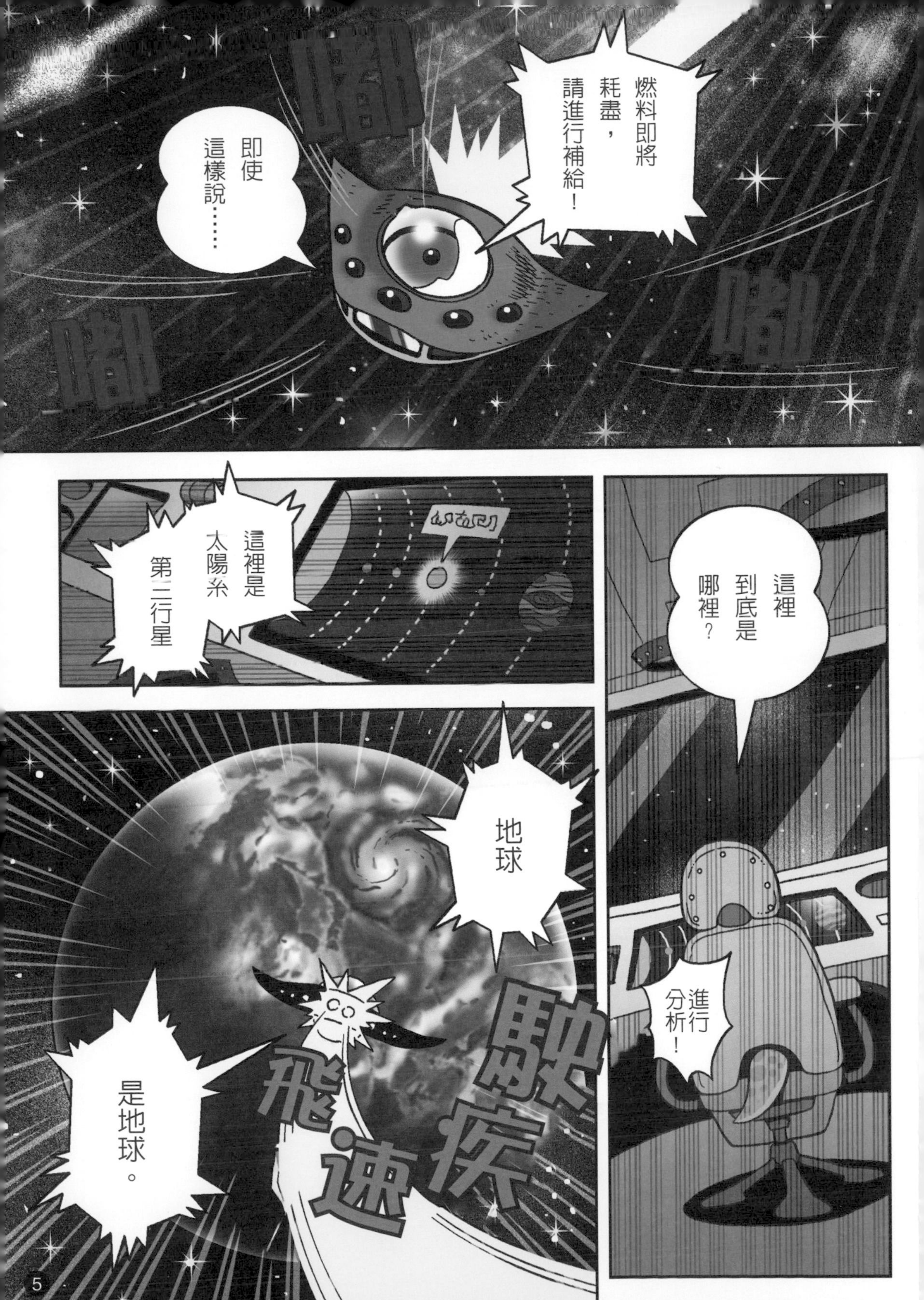
燃料即將耗盡，請進行補給！
即使這樣說……
嘟
嘟
嘟
這裡到底是哪裡？
進行分析！
這裡是太陽系第三行星
地球
是地球。
疾駛
飛速

嗯～這個星球似乎分成許多國家。
嗶嗶
這一帶叫做歐洲嗎？
嗶嗶
嗶嗶
根據他們的曆法，現在是1769年。
這個星球的平均氣溫是……。
嗶嗶
嗯～現在似乎是夏天的季節……。
好冷啊。
微微顫動
嗯？好像可以利用這個傢伙。
嗶嗶

好，我們去看看吧！
嗖搜地
格拉斯哥大學
瓦特的實驗室
*瓦特是以改良蒸汽機而聞名的英國科學家。
要進一步提高熱效率……。
嗯~
嗯~
走來走去
瓦特先生，
如果是使用煤炭的蒸汽機，可以這樣做……。
地出現
竊竊私語
哦，原來如此。這樣一來應該會成功。

*詹姆士·瓦特（1796~1819年）是英國蘇格蘭的科學家。他改良效率低下的蒸汽機並應用於實際生產。

咦？
這樣就可以了。
呼～
經過300年以後，平均氣溫應該會上升約5℃左右。
但如果做得太過頭，宇宙守護者的那些傢伙們會很煩人，還是得適可而止呢。
噴出
總之先休息100年左右吧。
19世紀中葉
石油開採場
20世紀上半葉
關於氟氯碳化物，有話……
20世紀末
再差一點點。

第1章 二氧化碳使地球變熱！

202X年夏天
東京
……。
唉～該怎麼辦。
海山大氣
小學6年級生
「我的哥哥」
「儘管暑假即將結束」
「卻還沒決定自由研究的主題」
寫寫
「正著急煩惱中」
海山光
小學5年級生

吵死了！別在大熱天裡跟著我！
沒辦法嘛～因為「哥哥觀察日記」是我的研究主題啊。
唰
我要回去了。
叩
嗚哇！
跌倒
啪
這是什麼東西？
還滿重的喔。
劇烈！
搖晃
住手！

如果壞掉了該怎麼辦！
忽地出現
從……從哪裡出現的？
有……有尾巴！
我知道了！你是外星人對吧！
小光，才不會有那種事……。
沒錯，我是外星人。
老夫名叫鄧肯森。

哈囉，我是小光。
這位是我的哥哥大氣。
為什麼突然開始說英文了！
而且是很隨便的英文！
老夫有語言轉換機，任何語言都沒問題。
哼哼
比起這個，還是先把我的太空船「邊境號」還給我吧。
太空船？
進去這個裡面嗎？怎麼做到的？
它可以自由改變大小，而且變形方面也很厲害喔。
嗚哇哇哇，真正的外星人！
對了，就是這個……！
把外星人當作自由研究的主題吧！
靈光一閃

那個……鄧肯……。
鄧肯森。
是的是的，鄧肯森先生。
站著說話不方便，不如到我家慢慢說吧。
嘻嘻
嗯……。
好吧。
反正也沒事，就稍微捉弄你一下吧……。
太好了！自由研究的主題就是「震驚！外星人的現場訪問」這個了！
耶嘿—
哦，這就是日本的房子啊！
轟隆隆

哇呀，你在做什麼！
不過為了自由研究，只能忍耐一下了……。
等等，快修好它！
嗯？
明天爸爸媽媽回來時肯定會大吃一驚，
地球的房子有叫做門的東西啦！
哇哈哈，只是開個玩笑。
看吧，使用再生光線就能變回原本的模樣。
嗶嗶
乾淨俐落
好厲害！
謝謝你修好圍牆，我的點心布丁就給你吃。
晃
哦，布丁啊……。
啊姆
唔！

噢哦～！
突然頭痛
好冰～！
剛剛的是什麼……？
啪嗒
不，沒什麼。
只是因為太冰而被嚇到了。
布丁有這麼冰嗎？
戳戳戳戳
對老夫來說布丁太冰了，地球的溫度還很低。
不過，跟老夫剛到地球的時候相比，已經變得暖和多了。
微笑
鄧肯森先生是什麼時候來到地球的呢？
我記得是1769年。
今年是202X年所以……
已經是250多年前了嗎？

外星人真的能活很久呢。
我們的平均壽命大約是7000歲。這點時間沒什麼了不起。
不過那個時候的地球真的很冷。
但最近地球以迅雷不及掩耳之勢升溫，真令人開心！
微微顫抖
那、那個是不是指「地球暖化」？
什麼嘛，小光連這都不知道嗎？
地球暖化就是……
地球暖化是什麼？
地球溫暖化！
有說跟沒說一樣！
勃然大怒

地球暖化是指地球的氣溫上升，變得更暖和。
哇，雖然是外星人卻對地球這麼了解嗎？
憑藉老夫的智慧和我們星球的文明，這是輕而易舉的事。
不僅如此，暖化的過程全都是在我的三言兩語下……。
意味深長地笑
咦？
難道地球暖化是鄧肯森造成的嗎？
呵呵呵呵呵……。
沒錯，地球暖化就是老夫所期望的。
隨著暖化持續進行，地球上的生物將會束手無策，我們就能更舒適地住在地球上。
哇哈哈哈
咦咦，暖化會讓我們陷入困境嗎？
地球上的動物、植物和其他萬物可能都無法像現在這樣生存下去了！
震驚
哇哈哈哈

你是怎麼推進暖化的啊！
這很簡單，因為我知道暖化是怎麼發生的。
如果不了解暖化的機制，就無法推進或延緩它的進程，對吧？
延緩暖化？
成功的話，也許能打聽出延緩暖化的方法……。
妄想
〇〇報
海山大氣同學成功阻止暖化！
真厲害呢
哎呀，沒什麼啦
TV
那、那種事情實在難以置信。
即使是外星人也不可能有推進地球暖化的能力。
既然如此，關於暖化的機制老夫就好好地給你上一課吧！
嗶嗶
嗚哇！
嘶咻

歡迎來到邊境號。
咻
什麼，在那個小小的太空船裡嗎？
暖化的意思就是變溫暖，也就是氣溫升高。
這個我已經知道了。
但氣溫不是會因夏天或冬天而有所不同，不同地方的氣溫也不一樣……。
你是指哪裡的氣溫上升呢？
是地球的平均氣溫上升。
平均氣溫？
那麼，看看這個吧！
年平均氣溫長期變化趨勢 1891–2020 年
0° 90°E 180° 90°W
60°N 30°N 0° 30°S 60°S
°C/10 年
0.25 0.20 0.15 0.10 0.05 0.00 -0.05 -0.10 -0.15 -0.20 -0.25
Japan Meteorological Agency
圖中圓圈表示在 5°x5° 的網格中，1891 年至 2022 年長期的平均變化趨勢（每十年）。灰色表示在 90% 信度下不具有統計顯著性的網格。
日本氣象廳資料
砰

像這樣劃分地球，在各個地點測量氣溫。這些氣溫的平均值就是地球的平均氣溫。
在陸地上使用氣象觀測用的儀器測量，
在海面上則使用浮標放置儀器測量。
1891-2020 年
這就是地球的科學家用來測量地球氣溫的方法。
原來如此。
根據這些觀測結果，地球的平均氣溫在過去的100年中，約上升0.7℃。
0.7℃
100年
只有0.7℃？
而且是在100年內？
這樣沒什麼大不了的嘛。
呵呵，是這樣嗎？
那麼氣溫為什麼會上升呢？

要說明這一點，就必須從地球氣溫是怎麼決定的開始說起……。
咻啪
帶你們到地球外面看看吧！
鏘
哇呀！我們現在在外太空嗎？
正是如此。
可以看到像是包覆地球的薄膜對吧。
大氣層
厚度
約為 100km
的空氣層
那是叫做大氣層的空氣層。厚度約為100公里。
跟哥哥的名字一樣。
我知道，就是所謂大氣圈對吧。

風雨、颱風和雷電等天氣有關的現象都發生在這個大氣層中。
在那麼薄的地方？
如果把地球比喻為水煮蛋的話，大氣層的厚度就只是薄薄的蛋殼而已。
蛋
大氣層能夠保留來自太陽的熱能。
保留熱能？
地球是因為來自太陽的熱能而變暖。同時，也會有熱能從地球散失到太空中。
原來如此。
否則，地球就會變得愈來愈熱對吧。
但如果沒有大氣層的話，地球的溫度應該會下降到零下18℃左右。
難得的熱能大部分都散失到太空中。

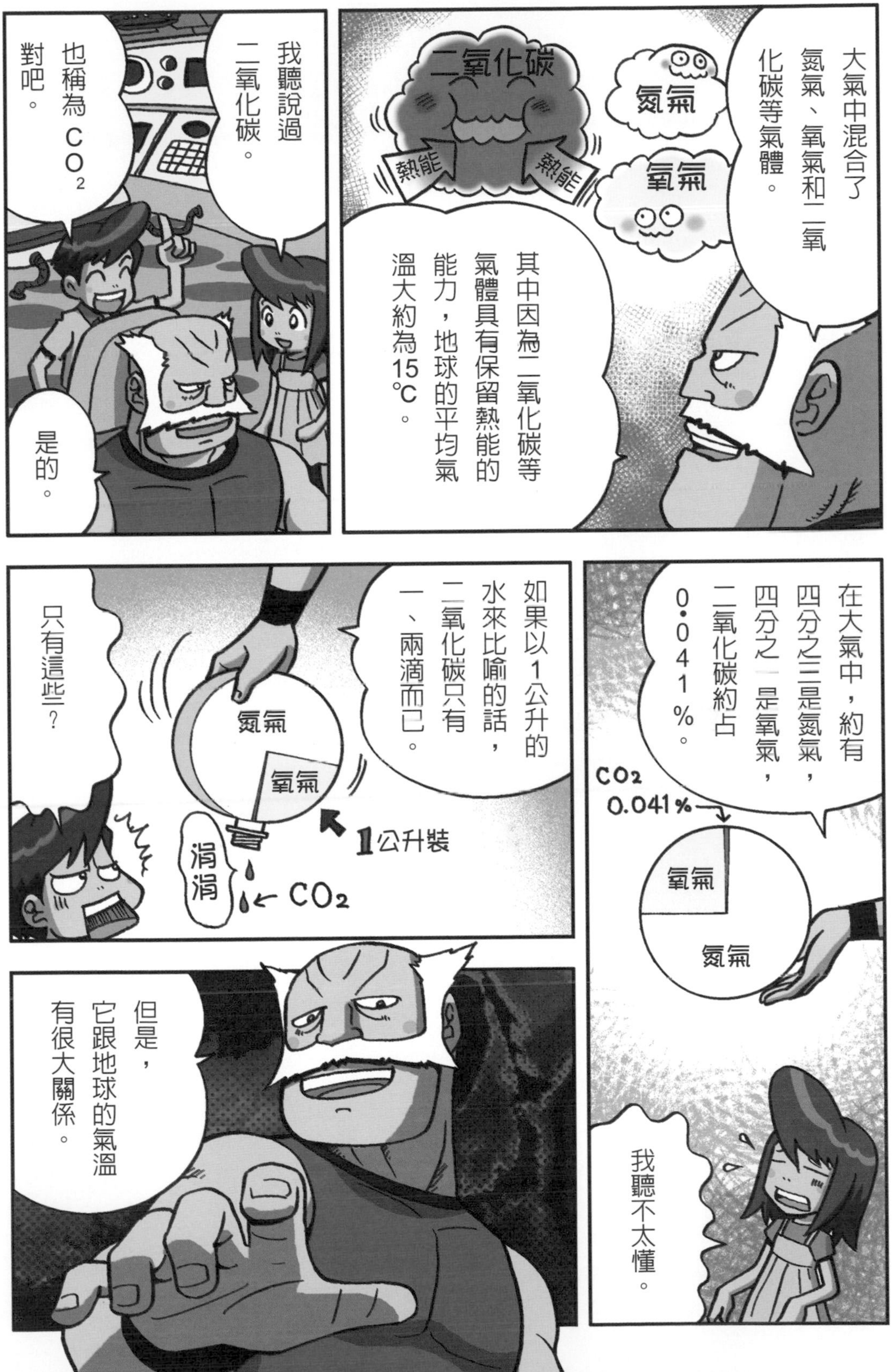
大氣中混合了氮氣、氧氣和二氧化碳等氣體。
二氧化碳
氮氣
氧氣
熱能
熱能
其中因為二氧化碳等氣體具有保留熱能的能力，地球的平均氣溫大約為15℃。
我聽說過二氧化碳。
也稱為CO_2對吧。
是的。
在大氣中，約有四分之三是氮氣，四分之一是氧氣，二氧化碳約占0.041%。
CO_2
0.041%
氧氣
氮氣
如果以1公升的水來比喻的話，二氧化碳只有一、兩滴而已。
氮氣
氧氣
1公升裝
涓涓
CO_2
只有這些？
我聽不太懂。
但是，它跟地球的氣溫有很大關係。

當二氧化碳增加時。
啪唧
乍現
唰
哇
就像給地球蓋上棉被一樣，大氣層保持著熱能。
這就是所謂的溫室效應。因此氣溫會升高。
好鬆軟～～
我明白了，把棉被拿開！
那麼，大氣中的二氧化碳增加了嗎？
就是這麼回事。
哈呼
哈呼
為什麼這樣說？
啊！難不成就是鄧肯森增加了二氧化碳嗎？
哇哈哈哈哈哈！

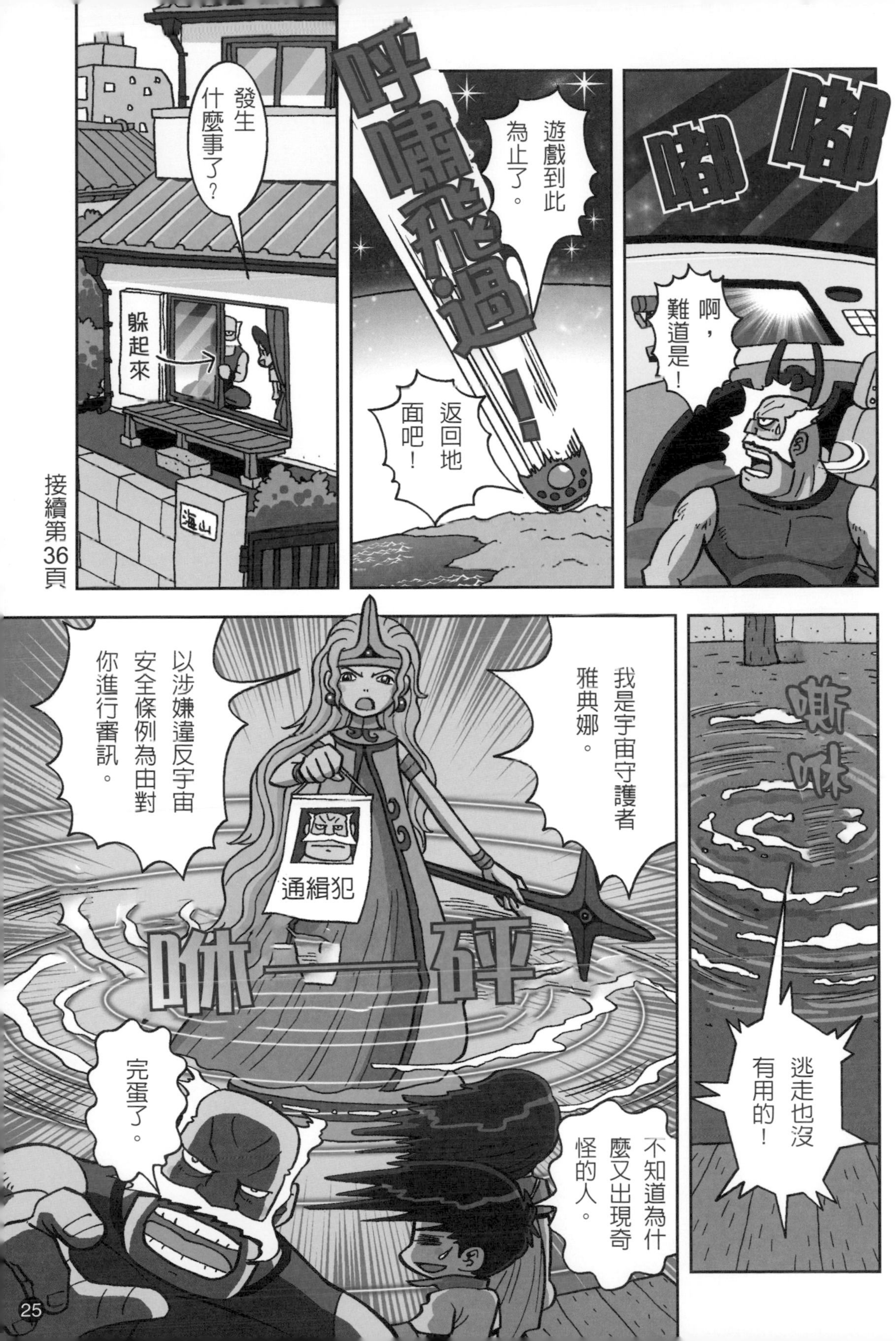
嘟嘟
啊，難道是！
呼嘯飛過！
遊戲到此為止了。
返回地面吧！
發生什麼事了？
躲起來
海山
嘶咻
逃走也沒有用的！
我是宇宙守護者雅典娜。
以涉嫌違反宇宙安全條例為由對你進行審訊。
通緝犯
咻砰
不知道為什麼又出現奇怪的人。
完蛋了。

接續第36頁

地球暖化正在發生？

據說近年來地球暖化正在加劇。到底地球暖化是什麼？地球暖化真的正在發生嗎？

因地球暖化使極端天氣增加？

最近幾年的夏天，氣溫超過35℃的情況屢見不鮮，有些地區甚至超過40℃。

據說會有這樣酷熱的天氣是地球暖化導致，真的是這樣嗎？

此外，據說日本在進入21世紀之後，因劇烈豪雨造成的損害就不斷增加。許多人覺得颱風帶來的風雨愈來愈強。有些人認為這些極端天氣就是地球暖化造成的。

朝日新聞社／ Cynet Photo

氣候變遷和地球暖化

各種研究表明，地球的氣候在漫長時間裡經歷過巨大變化，這些變化被稱為氣候變遷，最近的極端天氣也被視為氣候變遷的一部分。

另一方面，地球暖化是指過去約100年內的急遽變化。人類活動產生的二氧化碳被認為是原因之一，作為氣候變遷的一部分，國際上一直在推動地球暖化的因應對策，簽署相關協議和條約。

要了解地球暖化的程度，必須調查過去的地球氣溫變化和全球二氧化碳排放量等數據。

高溫該歸咎於地球暖化嗎？

人們在炎熱的天氣中行走。

朝日新聞社／ Cynet Photo

2021 年 8 月，以日本西部為中心，發生大雨引起的房屋淹水和土石流等災害。

因熱島效應變得更熱

由於城市地區的地表被瀝青或混凝土所覆蓋，會蓄積熱量，而且建築物和汽車等散發熱能的物體很多，因此會比周邊地區的溫度更高，由於高溫區域像島嶼一樣而被稱為「熱島效應」。

地球的氣溫變化

地球的氣溫真的在上升嗎？讓我們查看過去的地球平均氣溫吧。

每100年增加0.72℃

地球的平均氣溫是透過測量陸地和海洋等許多地點的溫度獲得。科學觀測從19世紀中葉開始就一直持續進行。

研究從那個時候開始的地球平均氣溫變化，會發現地球的平均氣溫每100年就以約0.72℃的比例上升。從觀測結果來看，地球的平均氣溫正逐漸升高。

可能有人會認為每100年上升0.72℃不算太大，但與過去的氣溫變化相比，上升幅度更快，且愈接近現在，上升溫度愈高，若是照目前情況繼續下去，預計未來氣溫還會進一步上升，並將導致各種不同影響。

全球年平均氣溫變化

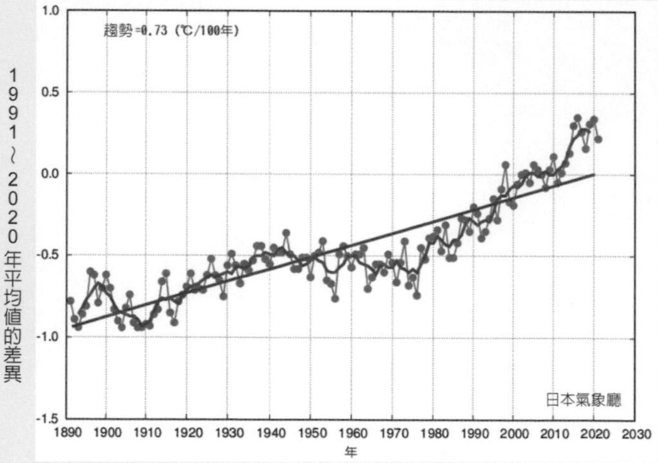

地球的氣候變遷

地球在漫長的歷史中經歷過數次冷暖交替時期。例如，約6500萬年前恐龍滅絕後，地球以約10萬年為週期重複出現冰川擴張的冰河期和溫暖的間冰期。最後一次的冰河期約在1萬年前結束。地球的氣候原本就會改變。

人類在冰河時期倖存下來。

全世界出現破紀錄的高溫

2021年6月到7月，嚴重的熱浪侵襲北美洲。即使是夏季也通常不太炎熱的加拿大，竟創下有史以來最高溫紀錄49・6℃，造成許多人死亡。類似的熱浪也發生在歐洲和澳洲。

這些現象被認為很可能是受到地球暖化的影響。

在炎熱天氣中戲水的民衆（加拿大）。 Cynet Photo

澳洲在2019～2020年間發生大規模的森林火災。一般認為很可能是因為地球暖化導致氣溫升高，環境乾燥再加上熱浪襲擊而引發。

Cynet Photo

酷暑和暖冬的趨勢仍在繼續

從日本夏季最高溫的紀錄來看，前十名中有9個紀錄是21世紀之後創下的。同時，暖冬的次數增加，雪量減少。從20世紀末到21世紀，能確切感受到氣溫正在上升。

日本的高溫紀錄前十名

排名	地點	氣溫(℃)	年月日
1	濱松(靜岡)	41.1	2020/8/17
1	熊谷(埼玉)	41.1	2018/7/23
3	美濃(岐阜)	41.0	2018/8/8
3	金山(岐阜)	41.0	2018/8/6
3	江川崎(高知)	41.0	2013/8/12
6	天龍(靜岡)	40.9	2020/8/16
6	多治見(岐阜)	40.9	2007/8/16
8	中條(新潟)	40.8	2018/8/23
8	青梅(東京)	40.8	2018/7/23
8	山形(山形)	40.8	1933/7/25

地球暖化的原因是什麼？

一般認為地球暖化的原因就是人類各式各樣的活動所導致，這些人為活動排放的氣體就是主要原因。

保存地球熱量的氣體

地球的熱源是太陽。來自太陽的光與熱使地球的陸地和海洋表面變暖，熱量又傳遞到大氣層（空氣）中使其加熱。從地球表面釋放出的熱量不久後會逸散到太空中。根據計算，如果地球表面釋放的熱量全部都散失到太空中，地球的平均溫度將降至零下18℃，在這種情況下，幾乎所有生物都無法生存。

然而地球實際的平均溫度約為15℃，這是因為大氣中含有能保留熱量的氣體。因為像溫室一樣能夠保存熱量，所以這種機制被稱為溫室效應，具有保留熱量特性的氣體被稱為溫室氣體。因為溫室效應的關係，地球上的生物得以生存。

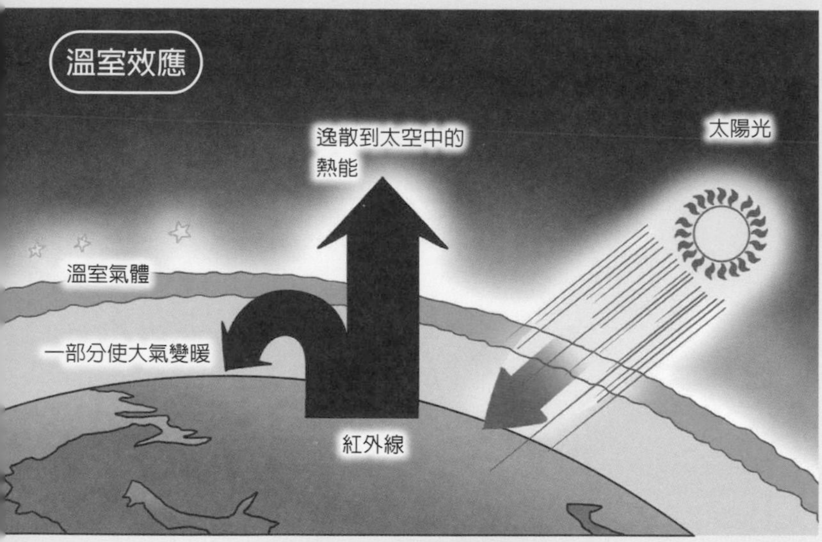

因地球暖化的研究獲得諾貝爾獎

2021年諾貝爾物理學獎頒發給日本真鍋淑郎博士在內的3名科學家，表彰他們在地球暖化研究做出的貢獻。

真鍋博士在美國氣象局從事氣候研究，於1960年代使用超級電腦分析基礎數據，之後發表了一篇論文，預測大氣中的二氧化碳濃度增加至兩倍時，全球的平均氣溫會上升2.36℃。

暖化的原因是溫室氣體增加

當大氣中的溫室氣體增加時，保留在大氣中的熱能也會增加，進而使氣溫上升。

溫室氣體包括水蒸氣、二氧化碳和甲烷等等。目前認為二氧化碳是地球暖化的主要成因。二氧化碳是燃燒東西時產生的氣體。此外，植物可以利用二氧化碳進行光合作用產生養分。如果被排放的二氧化碳和被吸收的二氧化碳之間無法維持平衡，溫室效應就會增強，加劇地球暖化。

東西燃燒時，碳會和空氣中的氧氣結合，形成二氧化碳。

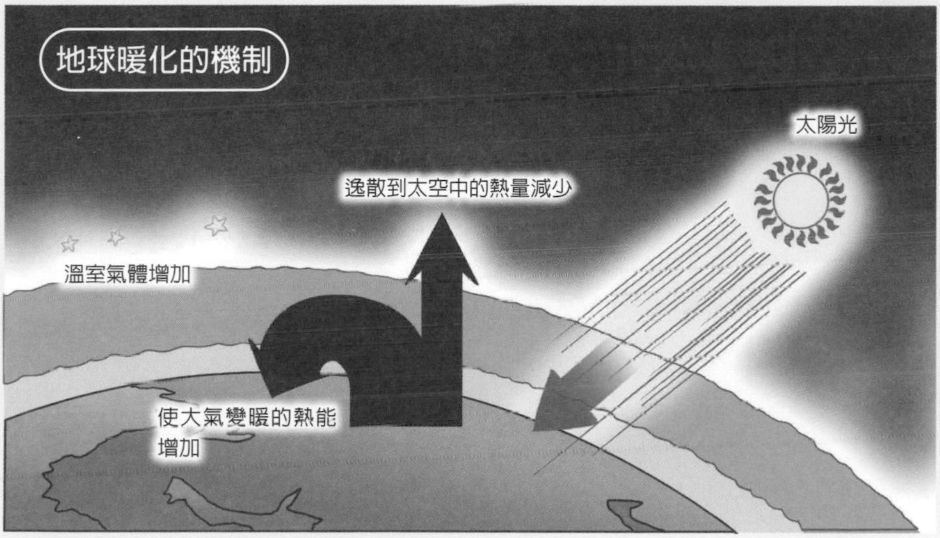

增加中的二氧化碳

大氣中的二氧化碳含量自18世紀以來急遽增加。這個時期歐洲各國發起工業革命，並推廣到世界各地。

愈來愈多人在生活和產業中燃燒煤炭、石油或其他資源以獲取能源，生產電力。由於人為排放，大氣中的二氧化碳濃度很明顯地增加了。

全球整體二氧化碳濃度變化

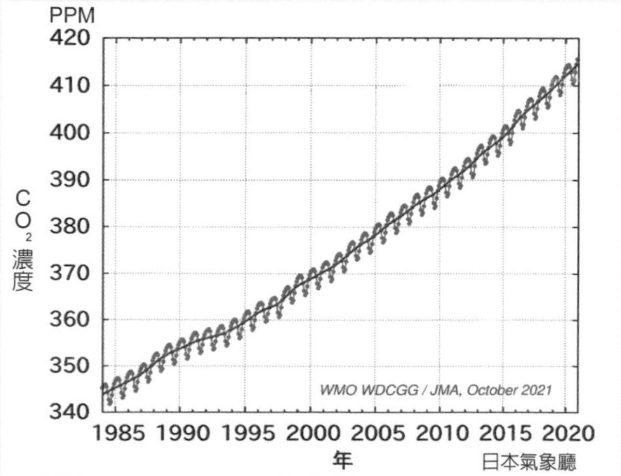

二氧化碳從哪裡排放出來？

導致地球暖化的二氧化碳（CO^2）除了出自發電廠和工廠，也來自我們的日常生活中。

出自發電和運輸中的排放

從日本的二氧化碳排放結構來看，能源轉換部門、產業部門和運輸部門的二氧化碳排放比例較高。

能源轉換部門主要是指發電。火力發電廠燃燒煤炭、石油和天然氣等來產生蒸氣，並生成電力，這個過程中會排放二氧化碳。

產業部門則是指工廠。有些工廠會使用重油作為燃料獲取能源。

運輸部門包括汽車、飛機和船舶等。這些交通工具大多會燃燒汽油、航空燃油、重油等燃料，排放出二氧化碳。

日本各部門二氧化碳排放量比例

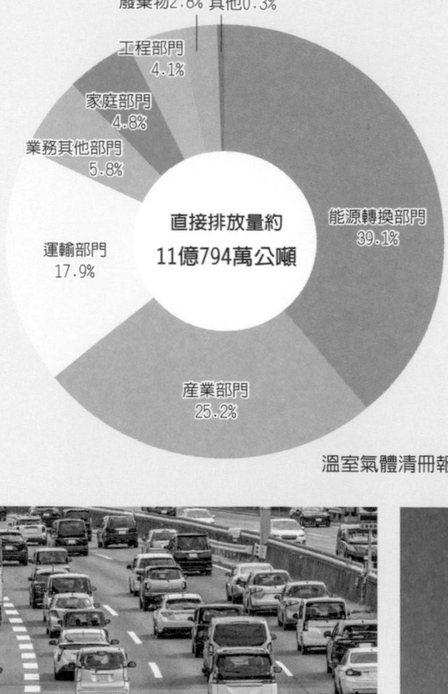

溫室氣體清冊報告

靠燃燒汽油行駛的汽車。 ©PIXTA

靠燃燒石油等來發電的火力發電廠 。 ©PIXTA

家庭使用能源排放出二氧化碳

現代生活中，我們離不開電力和天然氣。能源支撐著我們便利而豐富的生活。然而，在家庭中使用能源也會排放二氧化碳。

在家庭使用的能源中，照明、家用電器等的二氧化碳排放比例最高，其次是汽車、供暖設備和熱水供應等等。

家庭使用的能源愈多，排放的二氧化碳也就愈多。相反地，如果我們節約使用電力、天然氣和自來水等，就可以減少家庭產生的二氧化碳排放量。

©PIXTA

家庭中會使用各式各樣的電器產品。

家庭排放的二氧化碳比例

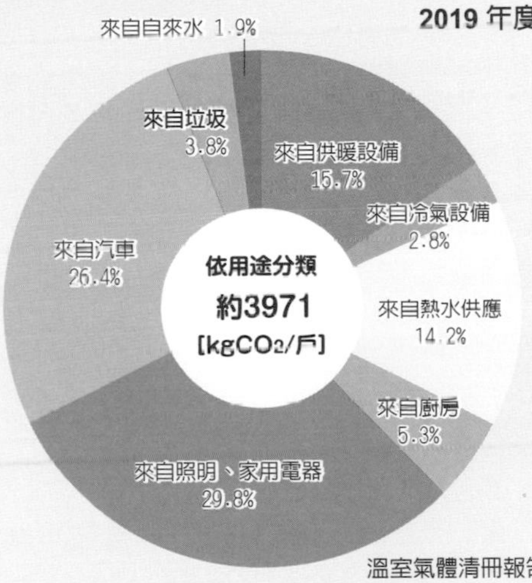

溫室氣體清冊報告

透過交通運輸排放的二氧化碳

隨著運輸系統的發展，我們能夠從國內甚至是地球上遙遠的地方獲得商品。

然而，運送貨物會使用船舶、卡車和飛機等交通工具，我們要記得，運輸物品的同時也會排放二氧化碳，運輸距離愈長，排放量也會愈多。

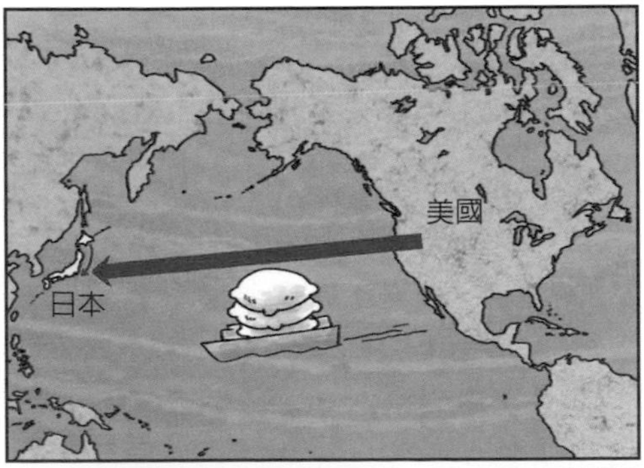

從北海道運輸製作麵包的麵粉，其二氧化碳排放量會比從美國運輸過來的少。

全世界的二氧化碳排放量

全世界的二氧化碳（CO_2）排放量正在增加。中國、美國和日本等國家是主要排放國。

持續增加的二氧化碳排放量

隨著產業蓬勃發展和人們生活水平提高，全世界的二氧化碳排放量也在不斷增加。按國家劃分，人口眾多且工業發達的國家排放量比較多，其中中國居首位，占比約30%。

第二名是美國，第三名是印度，前三名國家幾乎占掉一半的排放量。日本的二氧化碳排放量也很高，在世界排名第五，約占3%左右。

全球二氧化碳排放量的變化

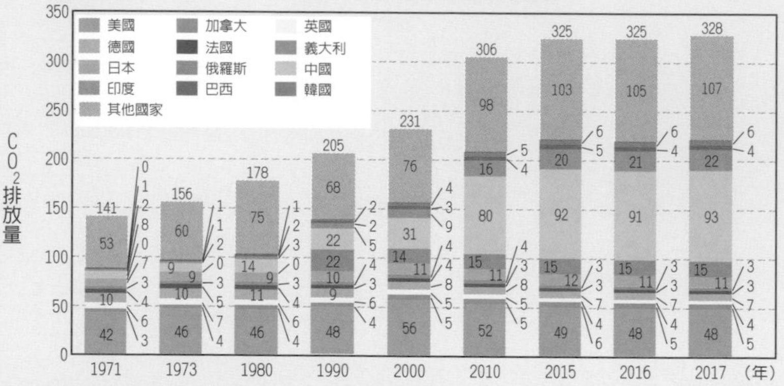

（註）由於四捨五入的關係，總數可能不一致。
俄羅斯的排放量是從1990年後列出，1990年以前的排放量被歸為其他國家。

（一般）日本能源經濟研究所《能源經濟統計手冊2020》計

各國二氧化碳排放量

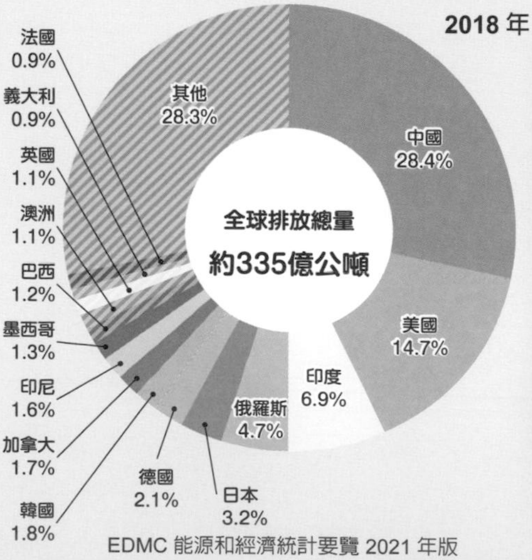

EDMC 能源和經濟統計要覽 2021 年版

自 20 世紀末以來，中國工業發展迅速，二氧化碳排放量也居高不下。

bonandbon / Shutterstock.com

排放多少二氧化碳？

根據計算，每個日本人每年約排放1920公斤的二氧化碳。但二氧化碳是無形且看不見的氣體，難以確切感知。讓我們思考一下1公斤二氧化碳的量是多少吧。

1公斤的二氧化碳相當於？

體積約為500公升

觀看電視20小時

相當於觀看電視 20 小時所需用電排放的二氧化碳量。

開空調4小時

相當於開空調 4 小時所需用電排放的二氧化碳量。

製作438張影印紙

相當於製作 438 張 A4 尺寸影印紙時所排放的二氧化碳量。

汽車行駛3.6公里

相當於汽車行駛 3.6 公里所排放的二氧化碳量。

5天的自來水

相當於生產一個四口之家使用 5 天份自來水所需電力的排放量。

第2章 地球暖化是誰造成的？

鄧肯森1769年到達地球後，向人類傳授煤炭的使用方法。
不僅如此，之後還傳授了使用石油的方法對吧？
老夫只是教他們如何好好使用而已。
全都是地球人自己做的事！
但你的行為很可能成為工業革命的契機。
什麼是工業革命？
人類藉由使用煤炭和石油，建造出大型工廠，擴大產業規模，最終發明出汽車等交通工具。
這種從小規模產業躍升到大規模產業的巨大變化被稱為工業革命。
我覺得這對人類來說似乎是件好事……
有什麼問題嗎？

地球對鄧肯森來說，是一個寒冷、不適合居住的星球。
為了提高地球的平均氣溫，他指使人類大量使用煤炭和石油！
鄧肯森是為了自己的利益而這麼做的。
因個人利益改變其他星球的未來，在宇宙安全條例中是嚴格禁止的。
大量使用煤炭和石油會導致地球暖化嗎？
燃燒東西時，會消耗氧氣，產生二氧化碳，也就是CO2。
氧氣
CO2
長年持續燃燒煤炭和石油，會導致大氣中的二氧化碳含量增加。
我知道了！二氧化碳增加就會增強溫室效應對吧？

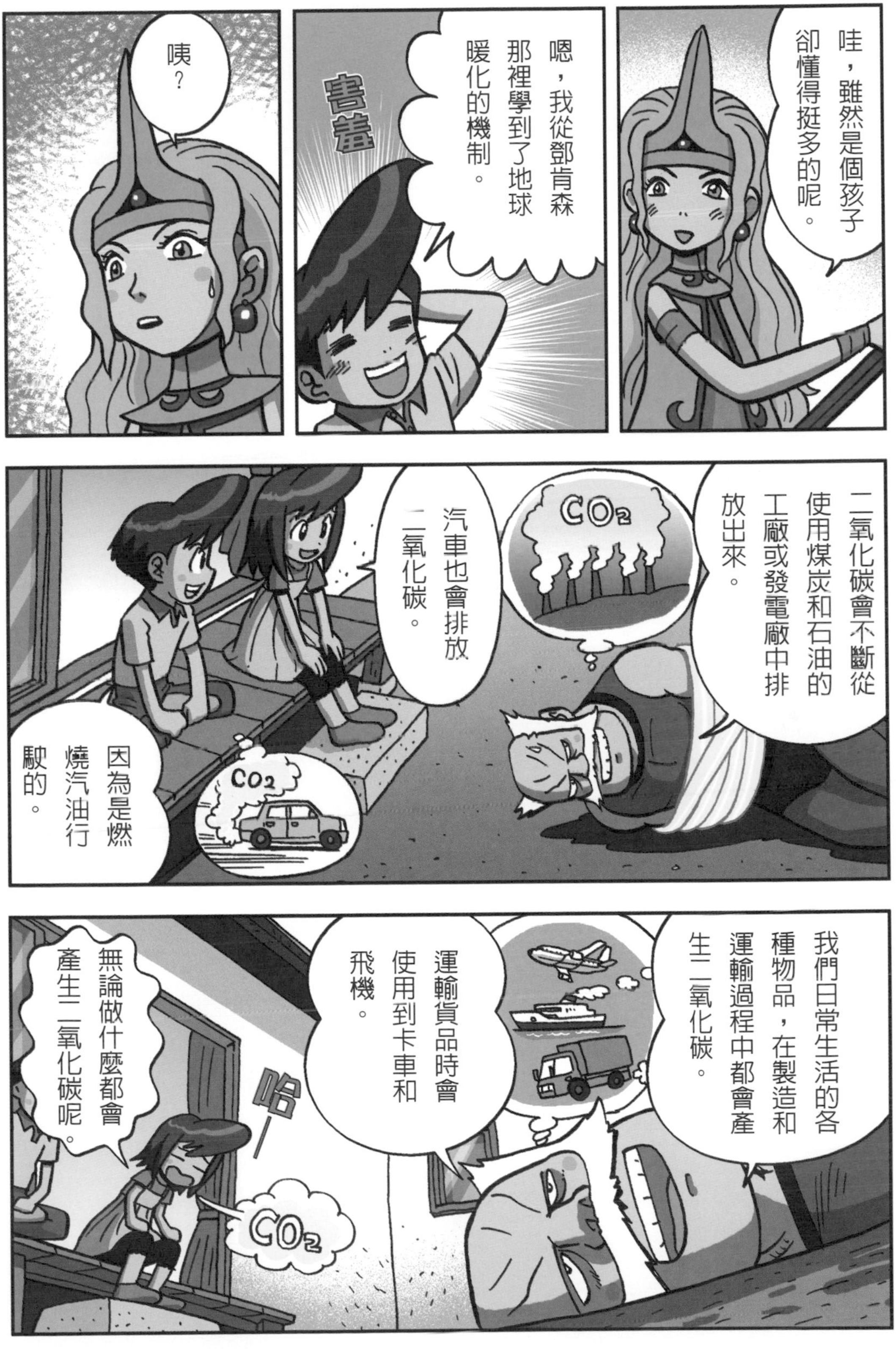
哇，雖然是個孩子卻懂得挺多的呢。
嗯，我從鄧肯森那裡學到了地球暖化的機制。
害羞
咦？
二氧化碳會不斷從使用煤炭和石油的工廠或發電廠中排放出來。
CO2
汽車也會排放二氧化碳。
因為是燃燒汽油行駛的。
CO2
我們日常生活的各種物品，在製造和運輸過程中都會產生二氧化碳。
運輸貨品時會使用到卡車和飛機。
哈—
無論做什麼都會產生二氧化碳呢。
CO2

總之，從鄧肯森來到地球以後，二氧化碳的排放量確實大幅增加了。
增加多少呢？
在工業革命以前，大氣中的二氧化碳比例只有0.028%左右。
現在則約為0.041%。
0.041%
0.028%
CO_2
CO_2
也就是說，只大約增加了0.013%嗎？
是的。這就是地球暖化的主要原因。
只是這樣就有這麼大的影響？
二氧化碳增加的確會加劇地球暖化。
但是！

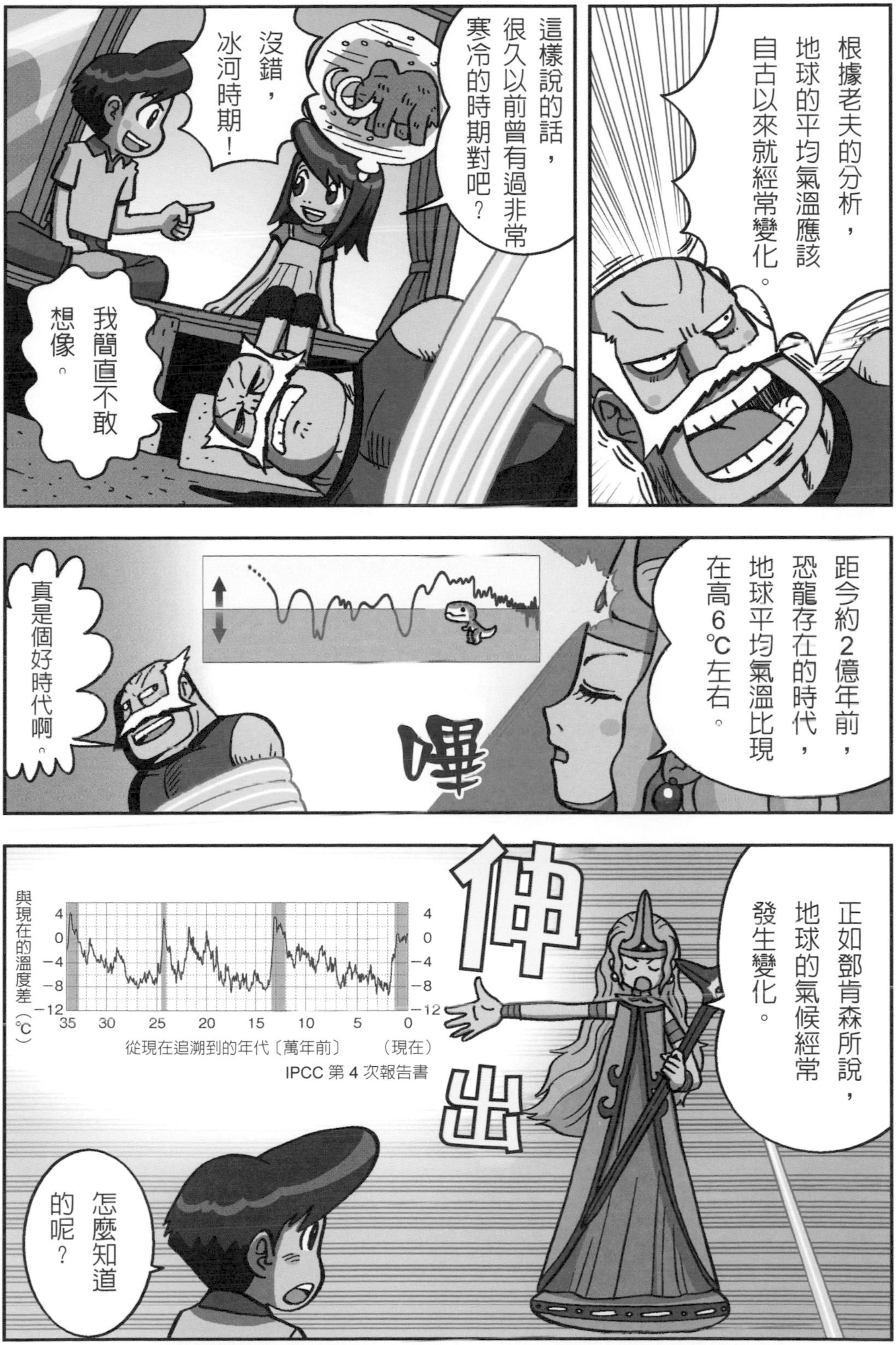
根據老夫的分析，地球的平均氣溫應該自古以來就經常變化。
這樣說的話，很久以前曾有過非常寒冷的時期對吧？
沒錯，冰河時期！
我簡直不敢想像。
距今約2億年前，恐龍存在的時代，地球平均氣溫比現在高6℃左右。
嗶
真是個好時代啊。
正如鄧肯森所說，地球的氣候經常發生變化。
伸出
與現在的溫度差（℃）
4 0 −4 −8 −12
35 30 25 20 15 10 5 0
從現在追溯到的年代〔萬年前〕 （現在）
IPCC 第 4 次報告書
怎麼知道的呢？

是以人類的研究為基礎獲得的數據，
4 0 -4 -8 -12
35 30 25 20 15 10 5 0
古老的樹木年輪和南極冰層可以為過去的氣候提供線索。
冰
哇哦！
為什麼氣候會變化這麼大呢？
發光
一般認為是當時的二氧化碳濃度和太陽的活動變化造成的。
CO_2
CO_2
CO_2
四處瀰漫
看吧，所以最近的地球暖化可能不僅僅是因為使用煤炭和石油的關係。
這樣的辯解是行不通的！
緊緊
纏繞
哇啊啊啊……
看看這個。

過去的氣溫變化是在數百萬年的時間內發生。然而，最近的變化卻……！
世界的年平均氣溫距平
1991-2020 年平均的差值
氣象庁
日本氣象廳
竟然上升得這麼迅速。
二氧化碳的濃度也在過去50年間急遽上升。
二氧化碳（CO_2）的濃度變化
Japan Meteorological Agency, October 2021
日本氣象廳
真的耶，與氣溫的上升趨勢相符合！
有很多各式各樣的因素會對氣候產生影響，包括太陽活動和火山爆發等等。
然而，即使考慮到這些因素，最近地球暖化仍主要是由二氧化碳的增加所造成。
地球暖化果然是鄧肯森的錯！
不是這樣的！

雖然老夫的確在人類的背後推波助瀾。
如果也將氣溫上升的事教給他們就好了！
懊惱……
但是，即使沒有老夫的指導，人類使用煤炭和石油的歷史也不會改變，只是會稍微延遲一點而已。
那樣做的話，就會扭曲地球的歷史了。
懊惱
現在的地球暖化毫無疑問是地球人的活動造成！
而且，老夫並不是只為了自己而行動。
但是算了……。
乍
變
老夫要逃走了！

啊，又變成恐龍了！
這個就是鄧肯森的本體嗎？
再見了！
急轉彎
那個模樣……。
難道是普拉密涅斯星球的……。
雅典娜小姐不用追上去嗎？
逃跑也是徒勞。
鄧肯森的太空船應該幾乎沒有燃料了。
是這樣嗎？
啊，糟糕了！

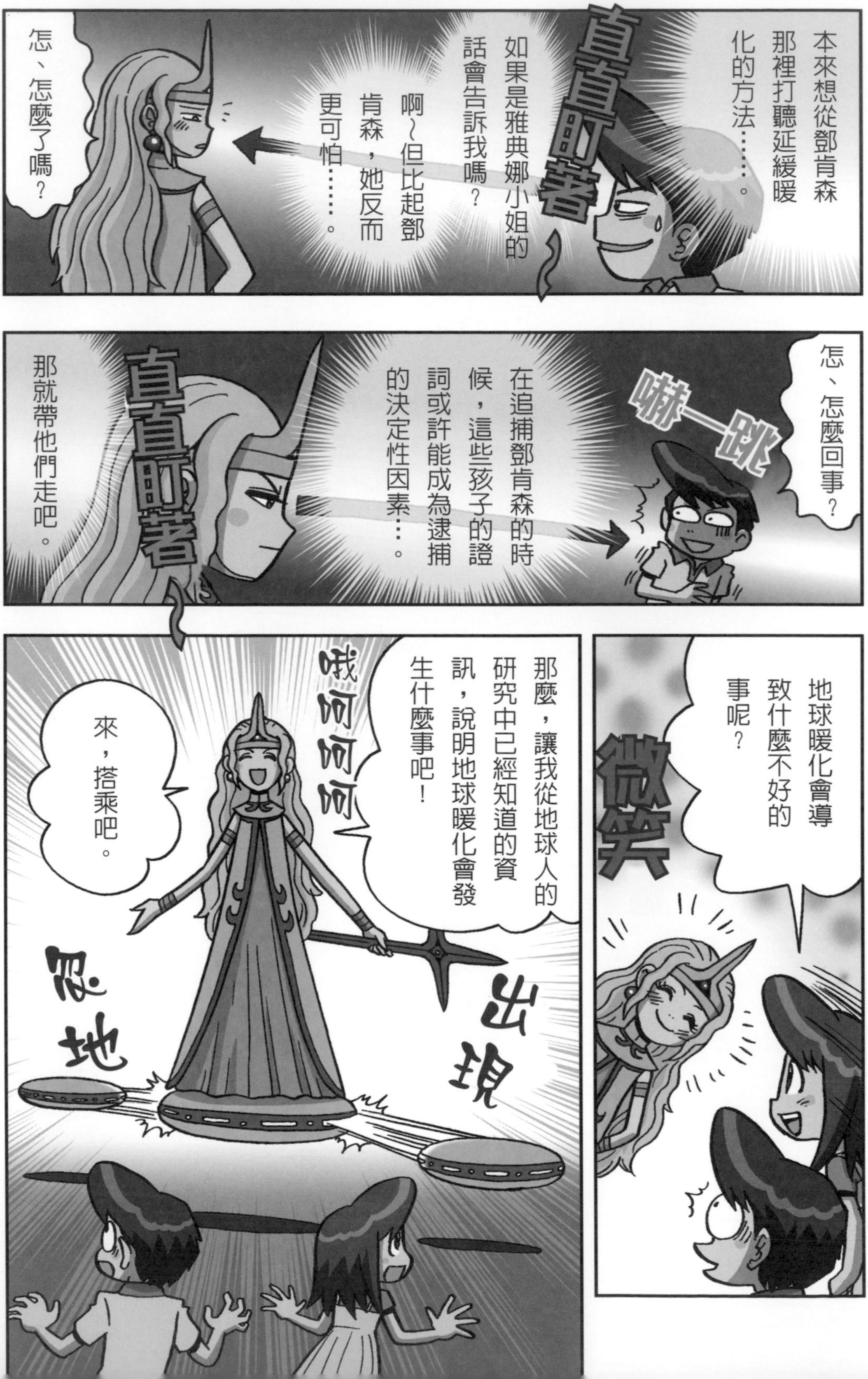
本來想從鄧肯森那裡打聽延緩暖化的方法……。
直盯著~
如果是雅典娜小姐的話會告訴我嗎？
啊~但比起鄧肯森，她反而更可怕……。
怎、怎麼了嗎？
怎、怎麼回事？
嚇一跳
在追捕鄧肯森的時候，這些孩子的證詞或許能成為逮捕的決定性因素……。
直盯著~
那就帶他們走吧。
地球暖化會導致什麼不好的事呢？
微笑
那麼，讓我從地球人的研究中已經知道的資訊，說明地球暖化會發生什麼事吧！
哦呵呵呵呵
來，搭乘吧。
出現
忽地

嗚哇！
咻
北極海
啊，有北極熊。
北極是海面被冰覆蓋的地方。
嗶
但是最近海冰的範圍正在縮小。
北極海的最小海冰面積
900
800
700
600
500
400
300
200
100
0
1975 1980 1985 1990 1995 2000 2005 2010 2015 2020
宇宙航空研究開發機構（JAXA）資料
真的呢！減少了。
過去一直生活在冰上的生物將因為地球暖化而失去居住地。
呼呼…

這裡是格陵蘭。
格陵蘭
這裡！
北極海
由於地球暖化，已形成數百萬年的冰層正在融化，崩落到海中。
咕咚
冰層融化會發生什麼事？
海水會增加。
隨著氣溫升高，海平面也會跟著上升
咦？
水具有隨著溫度升高而體積膨脹的特性。
如此一來……
馬爾地夫
這裡！
像馬爾地夫這樣由珊瑚礁形成的國家或低窪地區，將會被海水淹沒。
……

中部非洲
這個地方原本就是氣溫高、瘧疾盛行的地區。
這裡！
瘧疾是會引發高燒，甚至致死的疾病。
瘧疾由雌性瘧蚊傳播。
由於地球暖化，瘧蚊的生存範圍逐漸擴大。然後……。
瘧疾發生的範圍也會擴大？
正是如此。甚至也可能在日本發生。
有些生物將擴大其原本能生存的範圍，有些生物則無法繼續在原本居住的地方生活。
哇，怎麼了？
咕隆隆

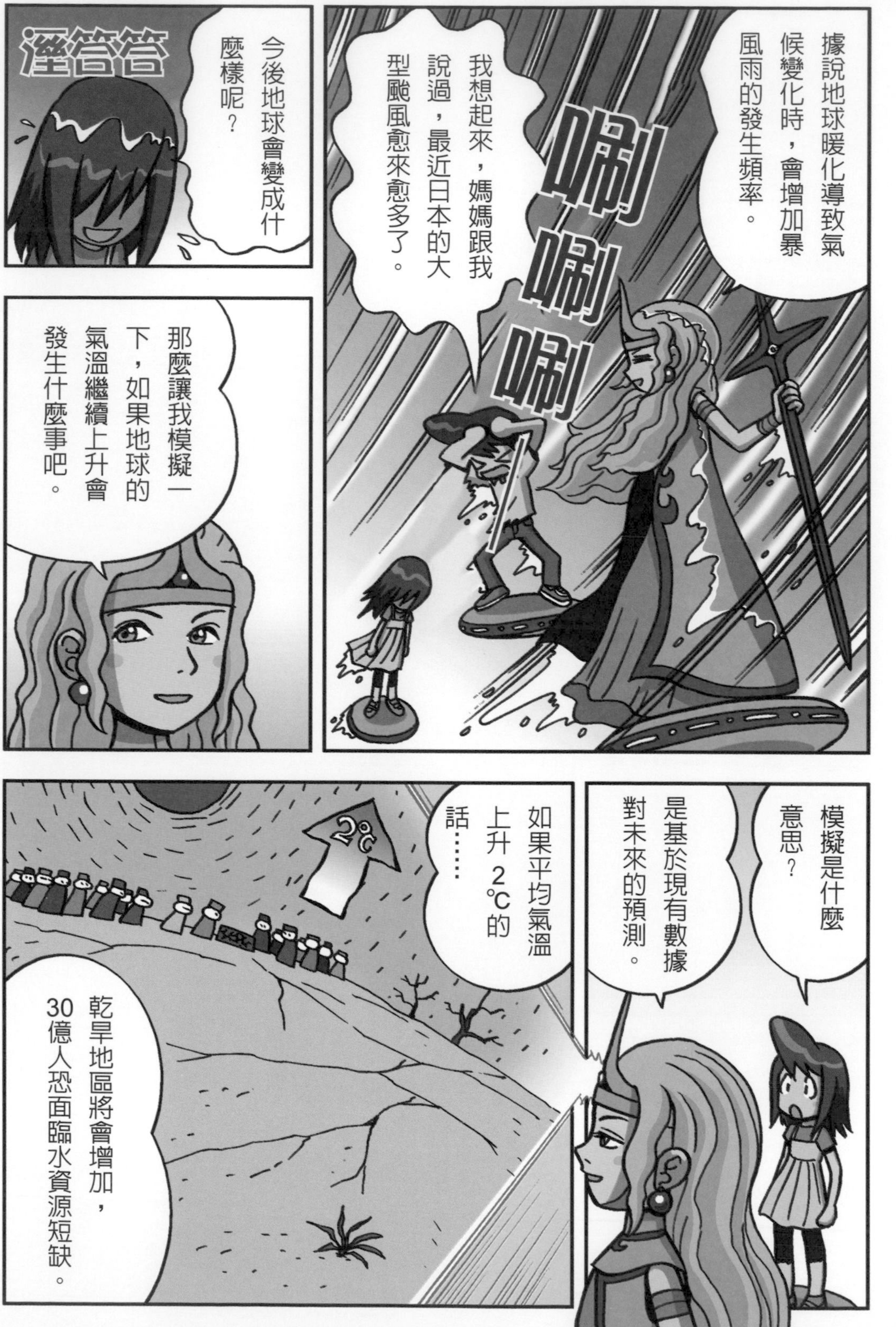
據說地球暖化導致氣候變化時，會增加暴風雨的發生頻率。
唰唰唰
我想起來，媽媽跟我說過，最近日本的大型颱風愈來愈多了。
今後地球會變成什麼樣呢？
溼答答
那麼讓我模擬一下，如果地球的氣溫繼續上升會發生什麼事吧。
模擬是什麼意思？
是基於現有數據對未來的預測。
如果平均氣溫上升 2℃的話……
2℃
乾旱地區將會增加，30億人恐面臨水資源短缺。

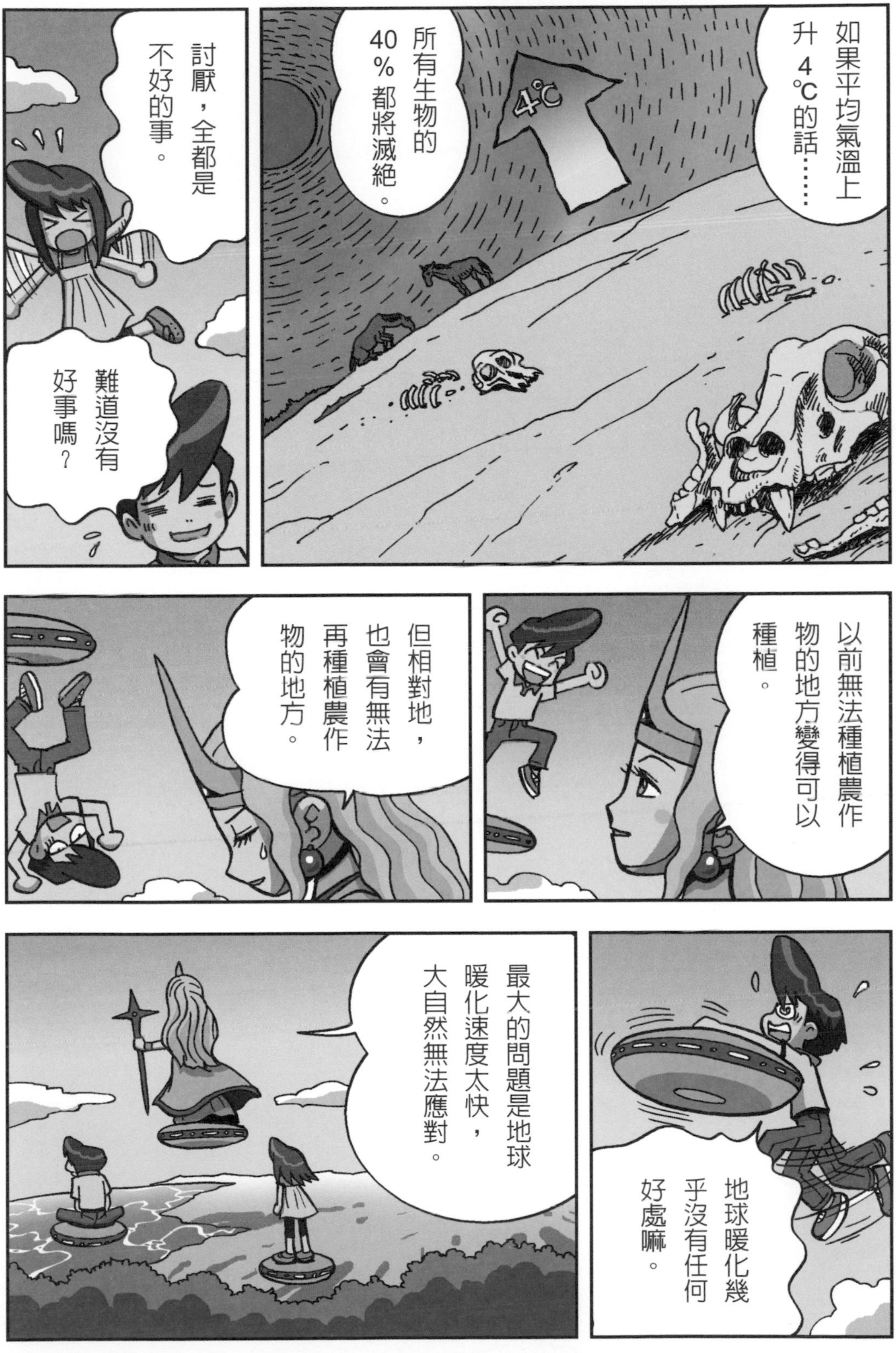
如果平均氣溫上升4℃的話……
4℃
所有生物的40%都將滅絕。
討厭，全都是不好的事。
難道沒有好事嗎？
以前無法種植農作物的地方變得可以種植。
但相對地，也會有無法再種植農作物的地方。
地球暖化幾乎沒有任何好處嘛。
最大的問題是地球暖化速度太快，大自然無法應對。

唉，我從來沒有意識到地球暖化是如此嚴重的問題。
已經無法挽回了嗎？
地球暖化的主要原因是持續排放二氧化碳（CO^{2}）。
減少二氧化碳排放量是最重要的事。
應該怎麼做呢？
不使用能源？只要不使用煤炭和石油就可以了吧！
那是不可能的事不是嗎？無論是發電，還是為汽車和飛機提供動力，都需要使用煤炭和石油。
如果不使用煤炭和石油，我們根本無法維持現在的生活……。
但是，盡可能地節約能源非常重要。

節約啊？
沒錯，不要使用不必要的電。
像是盡量不使用空調或暖氣。
或者不要在沒人的房間開燈。
工廠也要努力提高能源使用效率。
汽車也不是只能使用汽油，還有出現電動車和氫能車。
不依賴石油或煤炭，增加自然能源的使用也是不錯的選擇。
此外，可以想辦法從大氣中吸收二氧化碳。

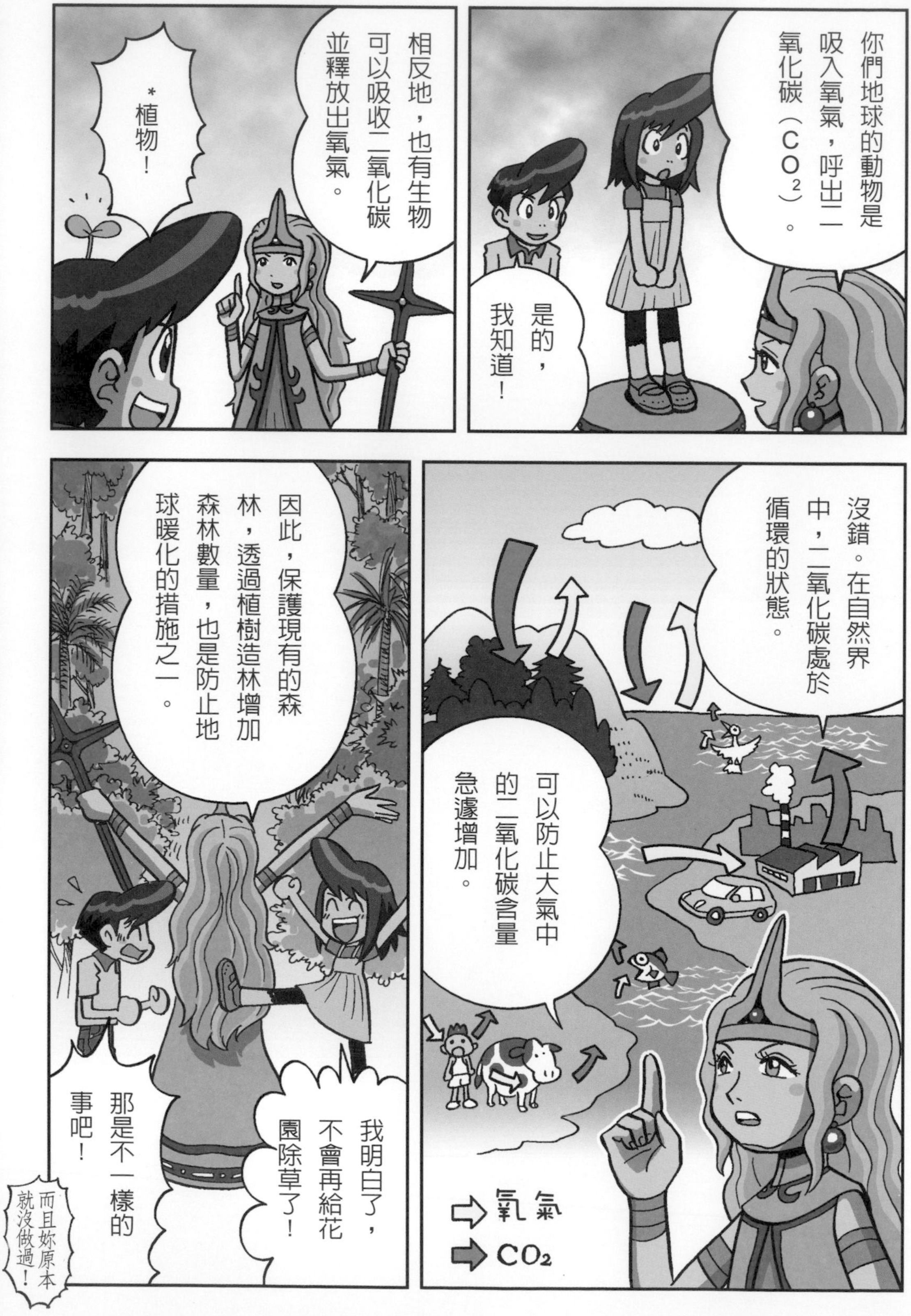

*植物透過光合作用從二氧化碳和水中合成澱粉等碳水化合物，同時釋放出氧氣。植物也會進行呼吸作用產生二氧化碳，但吸收的量比產生的量更多。

你知道生質物這個詞嗎？
不知道。
生質物是以植物等生物為材料的資源。
CO_2
因為這些資源原本就會吸收大氣中的二氧化碳，所以即使將它們當作燃料燃燒而釋放出二氧化碳，也不會被認為是增加二氧化碳量。
CO_2
如果再種植植物，就等於零排放了。
為了防止地球暖化，每個人的努力都很重要，有時也必須全球共同合作。
為此，各種協議和談判正在進行。
世界上的各個國家會在討論中決定要減少多少二氧化碳排放量。
那是在巴黎會議上討論的對吧？

對，在2015年於法國巴黎舉行的會議上，決定各國的減排量。
嘩
日本的 CO_2 減排目標
減排目標
26%
2030年
2013年
目標是2030年的二氧化碳排放量要比2013年減少26%！
（詳見第60～61頁）
26%不是很高的目標嗎？
日本的節能技術原本就很先進，似乎很難再減少設定的二氧化碳量。
那該怎麼辦才好？
有一種方法叫做二氧化碳排放權交易。
排、排放權交易？
世界上有些國家的二氧化碳量低於規定的排放量。
實際的 CO_2 量
←規定的 CO_2 量
B國
A國
排放 CO_2 的權利
就可以說這樣的國家擁有排放二氧化碳的權利。
也就是排放權。

出售或購買這個權利的行為稱為碳權交易。
我要賣這個
買了！
購買排放權就等同於減少該數量的二氧化碳排放。
原本不排放二氧化碳的國家也能從中受益，努力減少二氧化碳的排放量。
這傢伙
減少 CO_2 並增加銷量！
看來人類也在做各種努力呢～
嗯
但是，如果不再更認真地看待它……
可能會像鄧肯森的故鄉星球一樣變得無法挽回。
咦咦!?

接續第68頁

地球暖化會造成什麼影響？

地球的氣溫上升是壞事嗎？
一般認為地球暖化將引發各式各樣的問題。

海平面隨著冰的融化而上升

當地球的氣溫上升時，南極或格陵蘭等陸地的冰會融化，導致海水增加，海平面上升。此外，氣溫上升也會使海水膨脹，進一步導致海平面上升。

據說在1950年到2020年間，海平面約上升20公分。根據政府間氣候變化專門委員會（IPCC）於2021年發布的第6次評估報告預測，如果地球暖化持續以目前的速度發展，海平面將於21世紀末再上升44～76公分。

隨著海平面上升，地勢較低的地區將被海水淹沒，馬爾地夫和吐瓦魯等低窪國家將面臨沉入海中的危機。

以1900年為基準的全球平均海平面變化預測

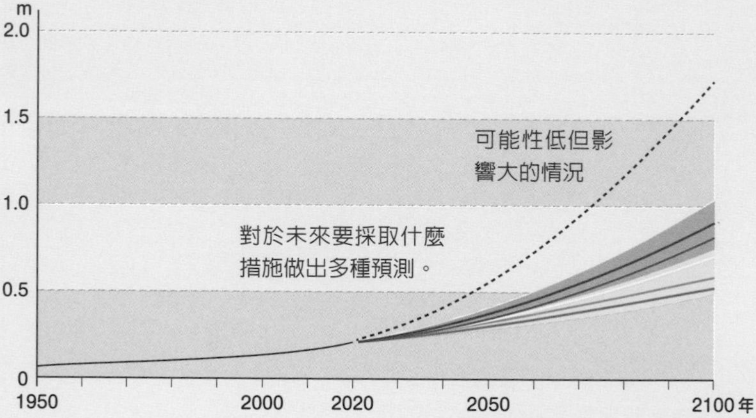

IPCC（政府間氣候變化專門委員會）第6次評估報告

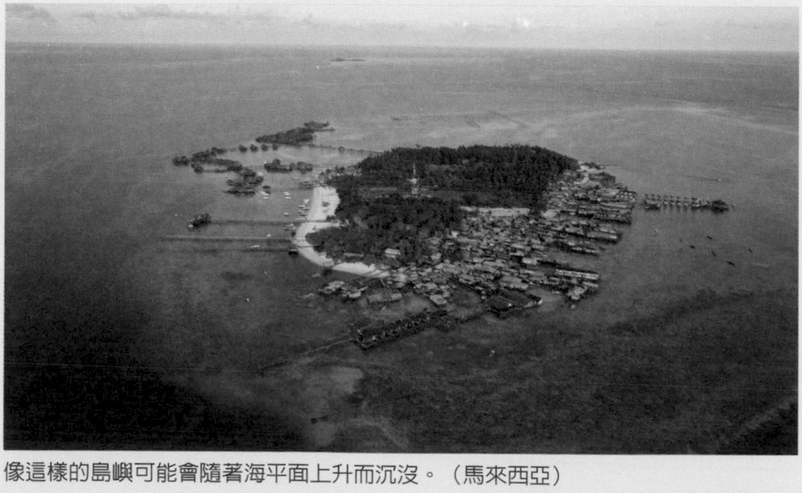

像這樣的島嶼可能會隨著海平面上升而沉沒。（馬來西亞）

Rich Carey / Shutterstock.com

各地區水資源短缺

原本降雨量就比較少的地區，會因為氣溫上升降雨量愈來愈少，同時水分蒸發，就會發生乾旱。一旦乾旱發牛，可用水就會變得稀缺，無法進行農業，甚至飲用水不足。

如果乾旱持續下去，最終將導致土地沙漠化，無法進行農業。

Phonix_a Pk.sarote / Shutterstock.com

由於海水溫度上升而死亡的珊瑚。 ©PIXTA

生物無法生存

由於氣候的變化，某些生物可能無法在同一個地方生活。此外，當海水溫度上升，無法迅速遷移的珊瑚等海洋生物就會死亡。當某種生物滅絕時，把它當作食物的其他生物也會受到影響，生態系因此遭到破壞。

還有其他各式各樣的影響

傳播瘧疾的雌性瘧蚊目前生活在熱帶地區，但地球暖化將擴大牠們的活動範圍，並進一步導致瘧疾的盛行地區擴大，其他傳染病也可能會擴大流行範圍。

此外，也會因為氣候的變化使劇烈豪雨和龍捲風更容易發生，使颱風變得更加強大。

傳播瘧疾的瘧蚊。 ©PIXTA

更容易發生龍捲風。 ©PIXTA

這些問題也與你們息息相關喔！

防止地球暖化的國際協議

為了防止地球暖化加劇，世界各國已達成協議，不增加二氧化碳（CO_2）排放。

地球暖化和永續發展目標

永續發展目標（SDGs）中的「13氣候行動」是以防止地球暖化為目標。

由於地球暖化也會對水資源、生態系和生物多樣性造成影響，因此也與「6淨水與衛生」、「14保護海洋的豐富資源」、「15保護陸地的富饒資源」相關。此外，也可能導致農作物無法生長，與「2終止飢餓」有關聯。

為了減少導致地球暖化的二氧化碳排放，有必要考慮增加再生能源等改變能源使用方式的措施，並結合「7可負擔的潔淨能源」一同思考。

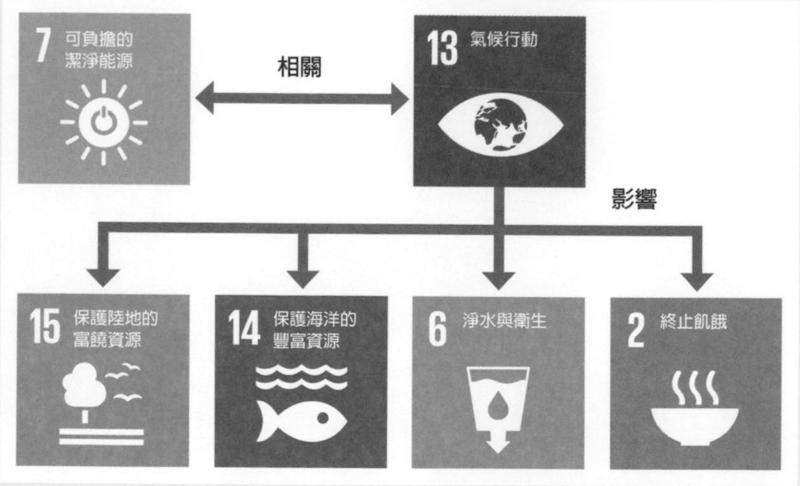

不夠完善的京都議定書

自1990年代以來，人們開始擔心地球暖化的問題，以已開發國家為中心進行減少二氧化碳排放的討論。1997年在京都召開的會議上，達成針對2020年的協議。然而，這只是已開發國家間的協議，而且美國和中國並未參與，因此不夠完善。

京都議定書的協議

2008年至2012年間，與1990年的排放規模相比，溫室氣體排放量將減少約5%

雖然不夠完善，但它是第一個以減少溫室氣體排放為目標的國際協議。

所有國家參與的巴黎協定

京都會議未能實現減少溫室氣體排放的目標，地球暖化進一步加劇。為了防止地球暖化，決定不只是已開發國家，開發中國家也必須參與討論，並於2015年在巴黎召開會議。

巴黎協定設下以工業革命前為基準，將全球氣溫升幅控制在2℃以下的目標，並為每個國家設立具體的二氧化碳減排目標。

在巴黎協定之後，日本設定了更高的目標。日本政府於2020年宣布，將在2050年前把溫室氣體排放量減少到零。這是極高的目標，表示將二氧化碳的排放量控制在植物可以吸收的範圍內。

所有國家參加的巴黎會議。 Cynet Photo

日本的溫室氣體減排目標

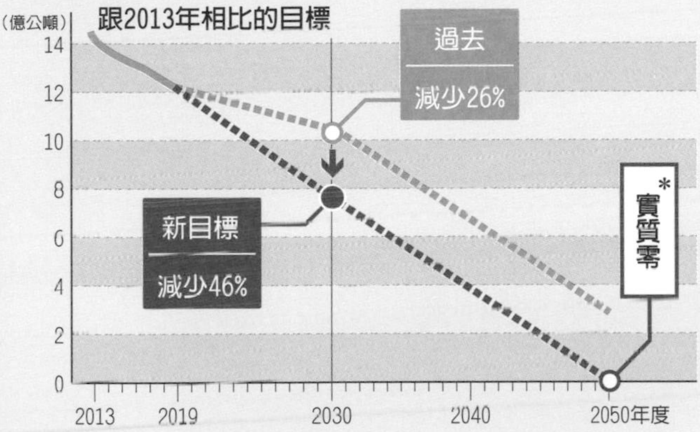

根據日本環境省的資料製作

*實質零：從二氧化碳排放量中減去植物等的吸收量後數值為零。

宣布以氣溫「上升1.5℃」為目標

在2021年於英國召開的聯合國氣候變化綱要公約第26屆締約方大會（COP 26）上，正式宣布目標是將自工業革命以來的升溫幅度控制在1.5℃以內。為了實現這個目標，到2050年全球的二氧化碳排放量必須實質為零。

今後，政府和企業能以多快的速度實現這一目標將備受關注。

聯合國氣候變化綱要公約第26屆締約方大會於英國格拉斯哥舉行。 Cynet Photo

以「碳中和」為目標

二氧化碳（CO^{2}）中所含的碳在地球上循環流動。讓碳的釋放與吸收量達到平衡不增加，稱為碳中和。

什麼是碳中和？

二氧化碳（CO^{2}）是物質燃燒時由碳（C）和氧（O）結合產生的氣體。碳（C）在英文中被稱為「Carbon」。

二氧化碳會被植物用來進行光合作用。因此，即使燃燒煤炭或石油等釋放二氧化碳，只要是在植物可以吸收的範圍內，就不會使大氣中的二氧化碳濃度增加，這種概念稱為碳中和或碳淨零。

如果我們能夠調節二氧化碳的排放量，達到碳中和，就可以防止地球暖化，實現可持續發展的社會。

碳中和

讓排放到空氣中的二氧化碳量和植物吸收的二氧化碳量達到平衡。

植物吸收二氧化碳

當植物接受陽光照射時，會從大氣中的二氧化碳製造養分並釋放出氧氣，這就是光合作用。如果因為森林砍伐而使植物減少，地球可吸收的二氧化碳量和可釋放的氧氣量也會跟著減少。

©PIXTA

當森林被砍伐時，二氧化碳的吸收量就會減少。

圍繞地球的碳

碳會在地球上的大氣、水、陸地或海洋中的各種生物間流動和循環。

碳能夠以二氧化碳、動植物的身體、化石燃料等各式各樣的形式存在。在工業革命以前，存在於大氣中的二氧化碳量與其他碳量保持平衡。然而，自工業革命以來，因人類活動排放的二氧化碳太多，滯留在大氣中，破壞了碳循環的平衡。

在工業革命以前，使用再生能源，不排放過多的二氧化碳。
©PIXTA

碳循環

減少二氧化碳排放的措施

要減少排放到大氣中的二氧化碳（CO_2），需要減少燃燒煤炭和石油，並增加再生能源的使用。

增加再生能源

煤炭和石油是古代生物轉變而成的物質，可以說是類似化石的東西，因此被稱為化石燃料。由於化石燃料的形成需要很長的時間，所以被視為非再生能源。地球上的化石燃料有限，終將會耗盡，燃燒時還會釋放出二氧化碳。

另一方面，太陽光和風力等自然能源取之不盡，用之不竭，而且不排放二氧化碳。為了防止地球暖化，需要盡可能地增加再生能源的使用。除了太陽光和風力，再生能源還包括利用水位落差的水力、利用地球內部熱量的地熱，以及基於動植物的生質能，對新的再生能源研究也正進行中。

再生能源

太陽光發電的設備。利用太陽能板將太陽能轉化為電能。

©PIXTA

風力發電設備。藉由風力轉動風車葉片，帶動發電機發電。

©PIXTA

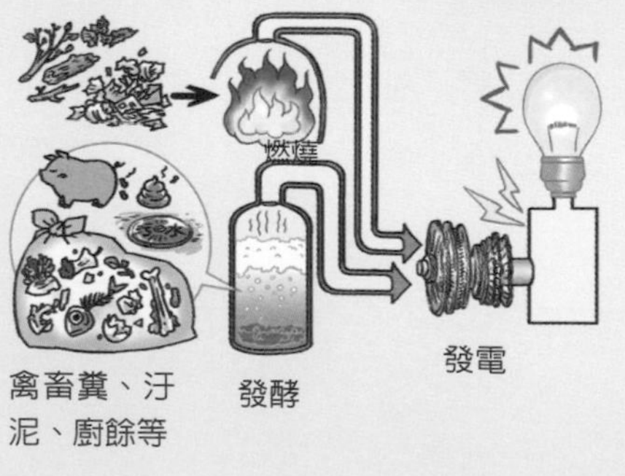

生質能發電。利用間伐材、木屑、廚餘、禽畜糞等植物和動物產生的物質作為燃料發電。

不使用汽油的汽車

使用不使用汽油的車輛也有助於減少二氧化碳排放量。電動車是透過充電後的電能使馬達轉動運行。燃料電池車則依靠氫氣和氧氣進行化學反應時產生的電能運行，只產生水，不會排放二氧化碳。

燃料電池車透過氫氣和空氣中的氧氣發生化學反應產生電力，驅動馬達轉動以行駛。只會產生水，不會排放二氧化碳。

豐田自動車株式會社（Toyota Motor Corporation）

燃料電池車的原理

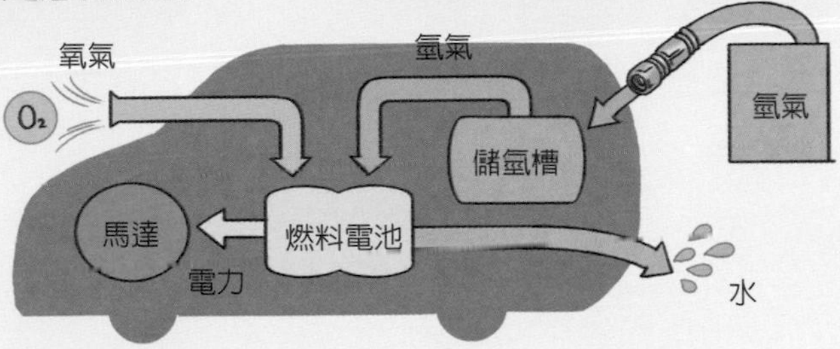

碳回收技術

「碳回收」是將二氧化碳視為一種資源，從空氣中回收並重新用於各種產品和燃料，以減少二氧化碳的排放。各種碳回收產品已投入實際使用。

吸收二氧化碳的混凝土

在混凝土中添加吸收二氧化碳的材料。用於圍欄的基座（下圖）。由於減少水泥的使用量，製造混凝土時所產生的二氧化碳排放量也減少了。

中國電力株式會社（The Chugoku Electric Power Company, Incorporated）

在化妝品容器中使用碳

將工業產生的碳再次使用，應用於化妝品容器或塑膠袋內的聚乙烯中。

日本巴黎萊雅

使用二氧化碳當材料

廣泛用於個人電腦外殼、DVD 的聚碳酸酯是由醇、二氧化碳和苯酚製成。可以在個人電腦的外殼中使用。

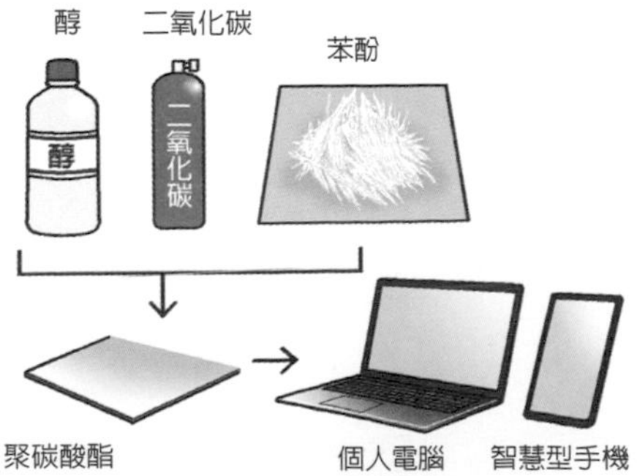

防止地球暖化能做的事

我們可以採取一些行動幫助防止地球暖化。每個人的努力都可以使二氧化碳（CO_2）的排放量減少。

節約能源和資源

透過減少在家中使用的能源或資源，可以降低二氧化碳的排放量。從節能和節水開始，檢視日常生活中的使用習慣吧！

節電

關掉未使用的房間照明、迅速開關冰箱門等，將白熾燈更換成 LED 燈可以減少電能消耗。

減少垃圾產生

垃圾的運輸和處理都需要能源，可以透過減少垃圾量來節省能源。購物時自備環保購物袋可以減少塑膠袋等垃圾產生。

節水

自來水在淨水場處理時會使用到能源。用剩餘的泡澡水清洗衣物，刷牙或洗臉時不要讓水一直流。

留意地產地消

長距離運輸食物需要能源。盡量選擇居住地附近種植的食物可以節約能源。在超市等地方購買食材時，選擇當地生產的食物。

推動 3R 發展

推動 Reduce（減量）、Reuse（重複使用）、Recycle（回收）的 3R。回收瓶罐可以節省資源並減少生產所需的能源。

以減少1000克二氧化碳為目標

家庭排放的二氧化碳每天約為10公斤。和家人一起討論，減少二氧化碳的排放量吧！

隨手關閉未使用的房間照明

1天減少10g

和家人待在同個房間，減少使用照明的時間。

30分鐘減少10g

忍住不玩家用遊戲機。

10分鐘減少10g

關掉電視

15分鐘減少10g

睡覺時停止電子鍋或熱水瓶的保溫功能。

1晚減少100g

不要讓蓮蓬頭或水龍頭的水一直流。

1天減少10g

不使用塑膠袋

1個減少20g

將空調溫度設置為冷氣28°C、暖氣20°C。

1小時減少10g

縮短開冷、暖氣的時間。

10分鐘減少10g

參加環保挑戰吧！

日本全國各地方政府為了減少家庭和企業的二氧化碳排放量，紛紛發起「環保挑戰」活動。在臺灣也有相關活動，而且是適合小孩子參與的項目，務必挑戰看看唷！

岡崎市

宮城縣

第3章 酸雨和臭氧層破洞是誰造成的？
鄧肯森的故鄉星球發生了什麼事？
……。
叮叮
是的……嗯？是這樣嗎？
怎麼了？
我收到來自宇宙守護者總部的通訊。
不悅
突然急駛
要馬上逮捕鄧肯森！

找到了！
你已經逃不掉了！
就算想逃也逃不了。
燃料終究沒有了。
那個尾巴。
你果然是普拉密涅斯星人。
是又如何。
明明如此你怎麼敢……
你也被指控涉嫌干預地球的酸雨和臭氧層破洞！
怎麼可能會有那種事！

酸雨？
咚
臭、臭氧層破洞……？
為了讓作為地球人代表的你們做出判斷，讓我說明一下什麼是酸雨和臭氧層破洞吧。
說我們是地球代表！
酸雨就是……
酸性的雨。
不是一樣嘛。
沒資格說別人
酸性是什麼意思？
有聽說過酸性和鹼性這兩個詞嗎？
有！有！
有的，我在自然科學課學過。
就像食鹽水一樣，水中有物質溶解時，稱為水溶液。
鹽
酸性或鹼性就是指水溶液的性質。

酸性水溶液會使藍色石蕊試紙變紅，
酸性
鹼性
鹼性水溶液會使紅色石蕊試紙變成藍色。
沒有變化的話，就是中性。
小聲
你想加入嗎……
總之，酸雨就是強酸性的雨。
哼！
緊握
舉例來說，檸檬汁就是強酸性的，酸雨就是和檸檬汁一樣呈強酸性的雨。
嘩啦嘩啦
為什麼會下那種雨呢？
當燃燒煤炭或石油時，除了二氧化碳，還會產生*硫氧化物和氮氧化物等物質。
SOx CO2 NOx
那是什麼？
因為很複雜，所以不用知道得很詳細也沒關係。
斬釘截鐵
打擊
硫氧化物和氮氧化物混入大氣中，伴隨雨水落下，
就是酸雨。
嘩 SOx NOx 嘩 SOx NOx

＊SO_x表示硫氧化物，NO_x表示氮氧化物。詳情請參閱第87頁。

酸雨會腐蝕銅像，並使森林枯死。
おえらいさん
此外，當酸雨降在湖泊等水域時，湖水會變成酸性。
可能會導致魚類等生物死亡。
小聲
果然想要加入…
這也是因為使用了煤炭和石油……
但實際上使用煤炭和石油的是人類……也使我們的生活變得更加便利……
不能說地球暖化和酸雨都是鄧肯森的錯……
如果地球人這麼說，鄧肯森就不會因為地球暖化和酸雨被定罪了。
好耶！
感謝地球人的理性判斷。
那另一個臭氧層破洞呢？
雅典娜小姐，什麼是臭氧層破洞？

臭氧是氣體的名稱。也就是說，在名為臭氧的氣體中有破洞。
臭氧
洞
宇宙中的一切都是由名為原子的微小粒子組成。
原子
星球
狗
耶
空氣
車
你知道氧氣這種氣體嗎？
我知道！大氣中約有四分之一是氧氣對吧？
大氣
氧氣
教過了
是鄧肯森教我們的。
氧氣是由2個氧原子結合而成的。
氧原子
氧分子
這個稱為氧分子。
分子
分子
2個原子組成1個分子，是這個意思對吧？
是的。而臭氧是由3個氧原子組成。
變身
臭氧

地球的大氣中含有一層由臭氧聚集的區域。
臭氧層
稱為臭氧層。
從太陽照射到地球的光中含有紫外線。
紫外線是會使皮膚晒黑的光，無法被肉眼看到。
紫外線
烤黑
紫外線有多種類型，其中一些對生物有害。
沒錯，如果直接曝晒，紫外線會引發皮膚癌。
紫外線
紫外線
臭氧層會吸收紫外線，使大部分的紫外線無法到達地面。
就像是保護地球的防護罩。
防護罩

然而，已經知道南極上空的臭氧層正在變薄。
就像是臭氧層上出現一個洞一樣。
所以才稱為臭氧層破洞啊。
這樣一來，不好的紫外線就會進入地球了！
紫外線
氟氯碳化物是人類製造的氣體。
曾被用於冰箱和噴霧罐中。
但是，為什麼會形成臭氧層破洞呢？是因為燃燒煤炭和石油嗎？
不，是因為一種叫做氟氯碳化物的氣體破壞臭氧，使破洞產生。
不要裝傻！傳授人類氟氯碳化物的就是你吧！

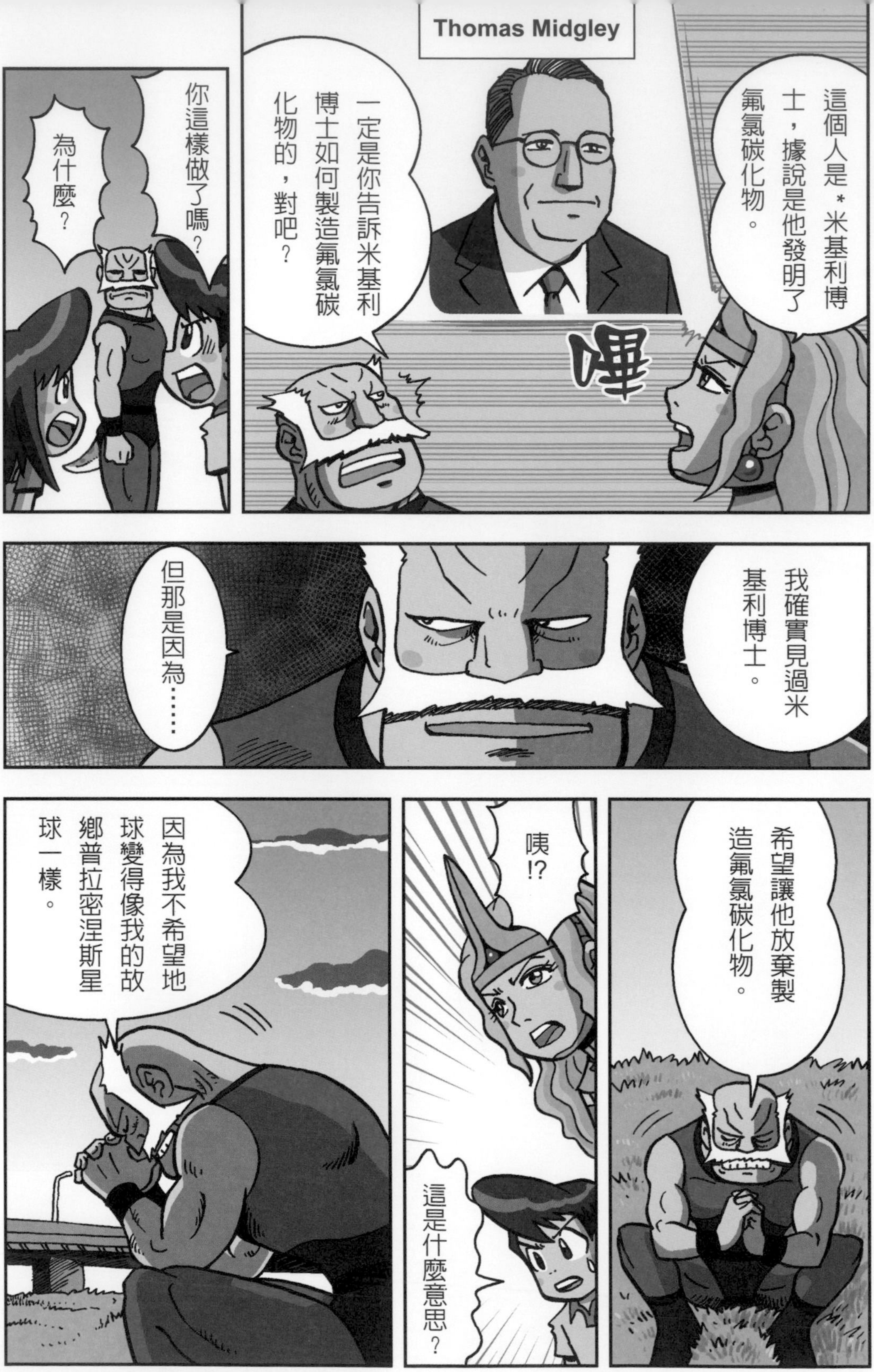

這個人是＊米基利博士，據說是他發明了氟氯碳化物。
嗶
Thomas Midgley
一定是你告訴米基利博士如何製造氟氯碳化物的，對吧？
你這樣做了嗎？
為什麼？
我確實見過米基利博士。
但那是因為……
希望讓他放棄製造氟氯碳化物。
咦!?
這是什麼意思？
因為我不希望地球變得像我的故鄉普拉密涅斯星球一樣。

＊托馬斯．米基利（1889～1944年），美國科學家、工程師。他發明了許多東西，包括氟氯碳化物和高辛烷值含鉛汽油。氟氯碳化物作為一種無毒、不易燃的安全氣體，曾被廣泛應用在冰箱的冷媒、噴霧氣體和清潔劑中。

普拉密涅斯是一顆美麗的星球。
普拉密涅斯人擁有先進的科學技術，生活十分豐足。
但當我們跟地球一樣使用氟氯碳化物之後，情況逐漸發生變化。
紫外線造成的損害增加，但當時還不知道原因。
人口減少後，才終於發現是氟氯碳化物造成的。
但那個時候已經太遲了，普拉密涅斯星球的環境已經惡化到無法挽回的地步。
有些人跟老夫一樣搭乘太空船逃到太空中。
也有些人還留在星球上，要和氟氯碳化物作戰到最後一刻。

普拉密涅斯星球後來怎麼樣了？
不知道。
從那之後已過去2000年了。老夫在太空中旅行，然後發現這個和普拉密涅斯星球相似的地球。
地球的環境適合我們家族居住。
家族？
是的，我們一整個家族都在邊境號上。
萬頭攢動
好冷……
還是好冷喔……
打冷顫
嗚哇哇哇哇哇！

為了保護家族，老夫確實希望地球盡快暖化。
居然承載這麼多……！
氟氯碳化物的事呢？
某天電腦第一次在地球上觀測到了氟氯碳化物。
嗶嗶嗶
嗶嗶嗶
氟氯碳化物！發現氟氯碳化物
我擔心氟氯碳化物可能會像摧毀普拉密涅斯星球一樣摧毀這顆星球。
所以你去見了發明氟氯碳化物的米基利博士。
嗯。
但為時已晚。
已經無法停止生產方便的氟氯碳化物了。

可是鄧肯森的話是否屬實……我們沒有證據。
咚咚咚咚
怎麼了？
鄧肯森大人和米基利博士的對話儲存在這個記憶卡中
偷偷錄下來了
丹諾斯！什麼時候做的？
嘻
嗶嗶
關於氟氯碳化物，有話……
所以嫌疑都消除了。
鄧肯森的話是真的。
太好了！

可是地球上的氟氯碳化物現在怎麼樣了？
已經發現氟氯碳化物會破壞臭氧層，禁止生產和使用了。
嗶嗶
嗶
嗶
氟氯碳化物
氟氯碳化物
氟氯碳化物
氟氯碳化物
但是，之前已使用的氟氯碳化物很難全部回收，釋放到大氣中的氟氯碳化物會持續存在很長一段時間。
將來臭氧層會繼續被破壞嗎？
很遺憾……
在邊境號上看到的地球，
非常美麗。
但是大氣層很薄。
而我們還不斷將不好的東西散步到大氣中。
嗯，或許這就是報應吧……

可能是吧。但現在情況不同了，愈來愈多人關心環境問題。
嗶嗶嗶嗶
嗶嗶
是的，嗯……
嗶嗶嗶嗶
是這樣嗎！
知道普拉密涅斯星球現在的狀況了。
雖然一度陷入危機，但後來在居民們的努力下，似乎已經恢復原狀了。
太好了！
太棒了！！
但是，我們沒有回去的燃料。
電腦分析認為這顆星球的某個地方可能有燃料……
邊境號的燃料是什麼呢？

根據電腦分析，在這顆星球上是一種紅色圓形的物質。
紅色圓形？是什麼呢？
大氣～！小光～！
啊，是奶奶！
媽媽他們今天不在家喔。
我知道。所以來看看你們的情況……
那些人是誰啊？
啊！呃……
是在拍電影！
對，特攝電影！
天氣這麼熱，真是辛苦了。這個是禮物。
是酸梅喔
紅色圓形的東西……

違境號的燃料祕密
酸梅
尤其是小梅更好
可以起飛！
就是這個！
噗咻
可以回家了！再見！
保護地球環境真不簡單呢。
是啊，從那之後我看了很多書，發現有很多困難的地方。
但是，肯定也有我們能夠做到的事。
嗯，雖然人類對環境做過很多不好的事情，但一定也能保護地球。

我也要更努力學習。
嗯，總有一天要去拜訪鄧肯森的星球！
是的，一定。
對了，哥哥的自由研究怎麼樣了？
唔……！
雖然很有趣，但只是想像的話不能算作是自由研究。
驚人的真相！太空船的燃料竟然是酸梅！
沒有半個人相信我！
嗚嗚

（完）

酸雨的危害和成因

什麼是酸雨？當酸雨降下時，會有什麼影響？又為什麼會有酸雨呢？

降下酸性的雨水

水溶液（溶解物質的水）會表現出酸性、中性和鹼性的性質。其程度以pH值表示，中性的pH值為7，數字愈小代表酸性愈強。

酸雨是表現出酸性性質的雨。一般的雨水會在降落過程中溶解二氧化碳，因此呈弱酸性，pH值為5.6。沒有明確的標準規定酸度多少會開始被稱為酸雨，但在日本，pH值5.6以下的雨水被視為酸雨的指標。在嚴重情況下，可能會降下和柑橘汁一樣酸的雨水。

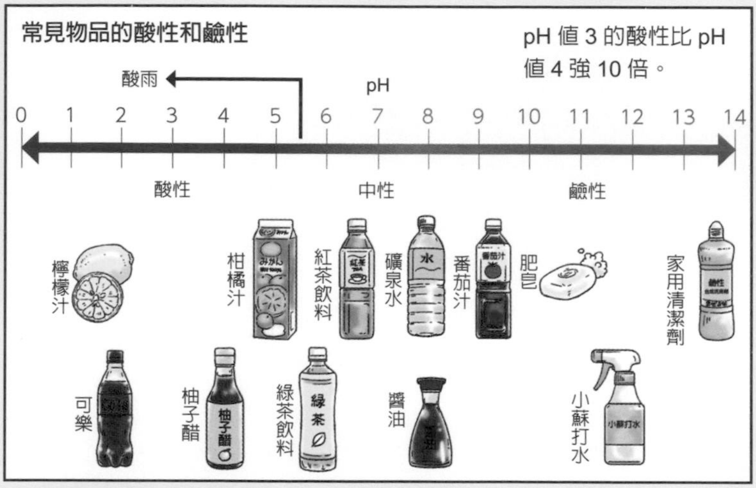

對生物和建築物的損害

酸雨會使森林中的樹木枯萎，山區裸露沒有遮蔽就容易發生洪水。於是覆蓋在山體表面的肥沃土壤會被沖走，使植物無法生長，造成沙漠化。而湖泊受到酸雨影響時，湖水的酸度會增加，導致魚類等生物死亡。

酸雨還會使銅之類的金屬生鏽，讓混凝土變得脆弱，對建築物造成影響。

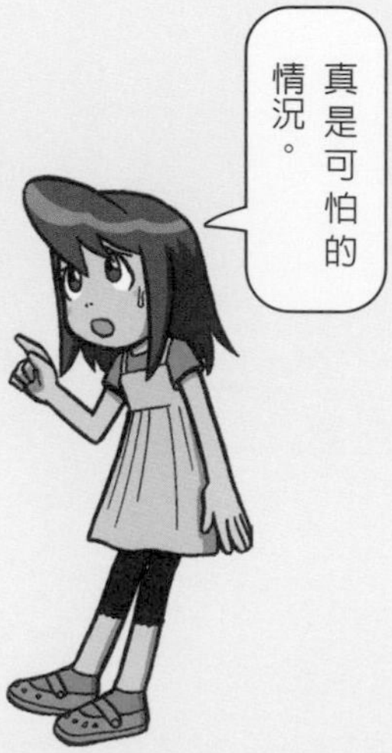

遭受酸雨破壞的森林。
©PIXTA

被酸雨腐蝕的銅像。
Cynet Photo

廢氣所含物質是酸雨成因

工廠或汽車排放的廢氣中，含有氮氧化物（NO_x）和硫氧化物（SO_x）等物質。當這些物質受到紫外線照射時，會轉變為光化學氧化劑。當光化學氧化劑懸浮在大氣中形成霧霾時，就被稱為光化學煙霧，會對眼睛造成刺激。溶解光化學煙霧中所含物質的雨就是酸雨。

氮氧化物和硫氧化物是燃燒煤炭和石油時產生的物質。人類的活動就是酸雨的成因。此外，形成酸雨的物質會隨風飄揚，跨越國境對其他地區造成損害。

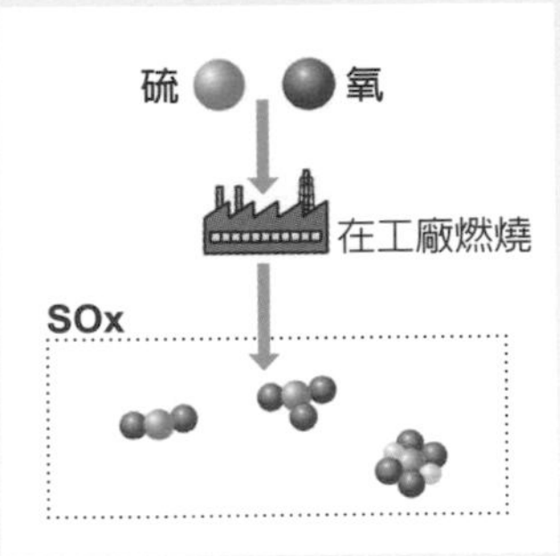

硫氧化物（SOx）是煤炭和石油中所含的硫燃燒後，與氧結合而成的物質。

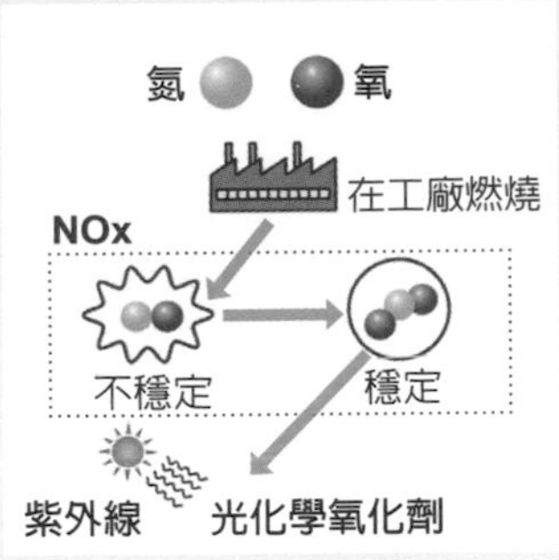

氮氧化物（NOx）是氮燃燒後與氧結合，經紫外線照射發生化學變化後產生的物質。

酸雨的機制

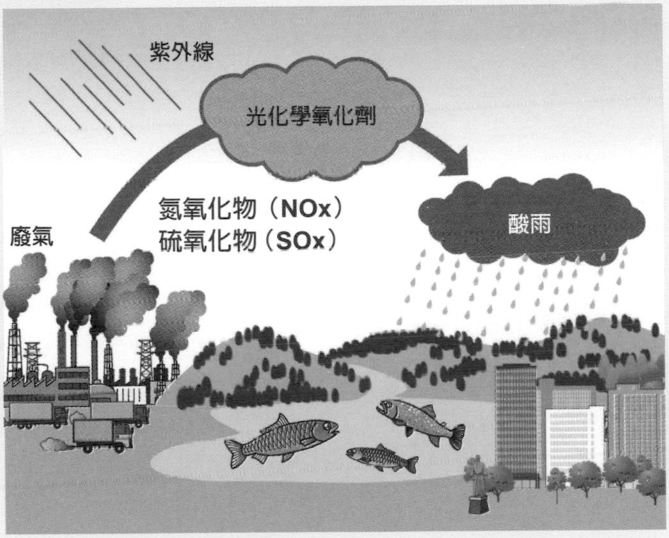

也是空氣汙染的原因之一

氮氧化物和硫氧化物也會汙染空氣。自1960年代開始，日本的空氣汙染日趨嚴重，開始出現因光化學煙霧導致眼睛和喉嚨疼痛的人。

雖然現在與過去相比有所減少，但在光化學氧化劑濃度較高的日子裡，還是會發布光化學氧化劑公告或警報。

1963 年的大阪。此時空氣汙染在日本各地成為問題。

朝日新聞社／ Cynet Photo

酸雨的現狀和對策

酸雨在1980～2000年左右被視為重要的問題，然而之後受到的關注逐漸減少，但目前仍持續在下。

日本的酸雨

日本氣象廳自1976年以來開始觀測酸雨。在岩手縣大船渡市的綾里地區剛開始觀測時，酸度比較低，但之後逐漸提高。而在人類影響較少的南鳥島，雨水的酸度比綾里低。當酸度增加時，普遍認為也有受到中國飄送過來的酸性物質影響。

日本各地的酸雨pH值約為5左右。歐洲和美國盛行由西向東吹的西風，因此東部地區常出現強酸性降雨。此外，在20世紀末迅速發展工業的中國也因為大量燃燒煤炭，導致各地出現酸雨。

日本的酸雨變化

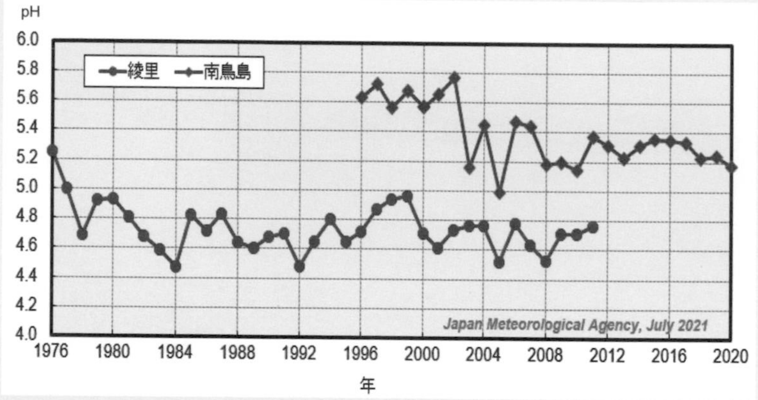

日本氣象廳在岩手縣大船渡市的綾里地區和南鳥島進行觀測。綾里的雨水酸度自1976年以來幾乎沒有變化。 日本氣象廳資料

抑制形成酸雨的物質

為了減少酸雨，要盡量避免排放形成酸雨的物質。在火力發電廠安裝去除氮氧化物的脫硝設備和去除硫氧化物的脫硫設備，抑制氮氧化物和硫氧化物排放到大氣中。此外，法律也規定要從車輛排放的廢氣中減少汙染物。

安裝在發電廠的脫硝設備。

東亞酸雨監測網

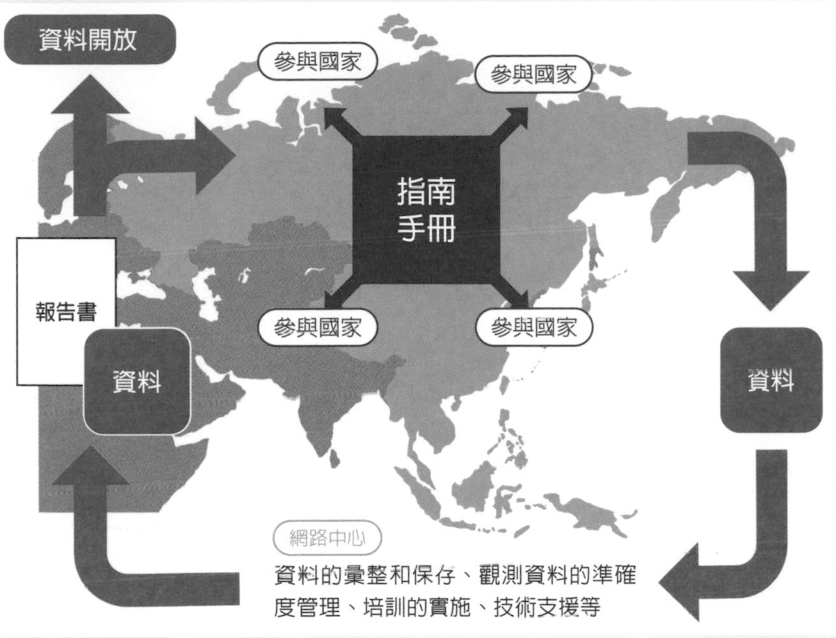

透過國際合作防制酸雨

形成酸雨的物質會跨越國境傳播，因此需要國際合作來採取對策。在日本環境省的呼籲下，包括日本在內的13個東亞國家參與建立東亞酸雨監測網（EANET），共同致力於酸雨觀測等工作。

日本的酸雨觀測站。長野縣白馬村的八方尾根（左）和東京都千代田區的北之丸公園（右）。
一般財團法人日本環境衛生中心　亞洲大氣汙染研究中心

危害健康的PM2.5

PM2.5是漂浮在空氣中、直徑小於2.5微米（1微米＝千分之一公釐）的微細顆粒。PM2.5容易深入肺部深處，對呼吸系統和循環系統的影響令人擔憂。PM2.5正在中國造成嚴重的空氣汙染，並會隨著西風（西風帶）飄到日本境內。

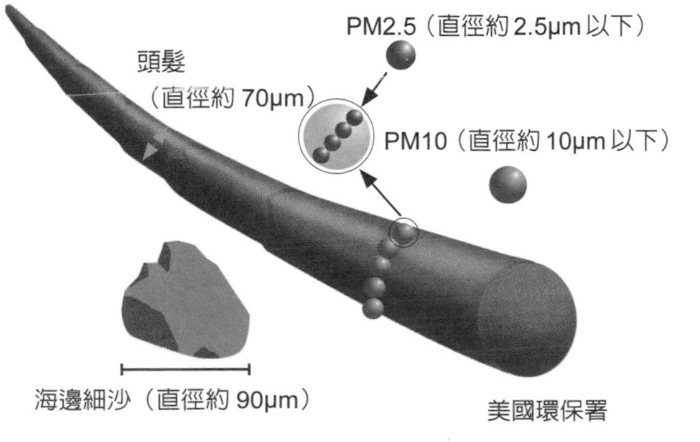

PM（particulate matter）：粒狀物。指空氣中的顆粒（固體）。

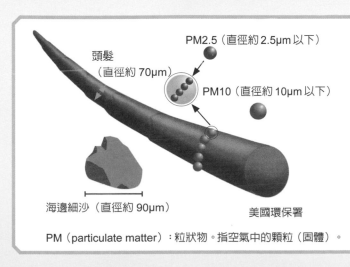

臭氧層的破壞和成因

臭氧層位於高空大氣中，其中一部分變薄形成像洞一樣的狀態，被稱為臭氧層破洞。臭氧層破洞會產生什麼影響呢？

保護生物的臭氧層

臭氧是由3個氧原子組成的物質。高空中臭氧濃度較高的部分被稱為臭氧層。臭氧具有吸收紫外線的特性，臭氧層能夠阻擋來自太陽的有害紫外線。因為有臭氧層存在，人類和其他生物才得以生存。

對人體和生態系的影響

在1982年，日本氣象廳氣象研究所的研究人員觀測到南極上空的臭氧層中，有臭氧量非常少的地方，並於1984年發表這一發現。

臭氧量極少的地方就像在臭氧層中開了一個洞一樣，因此被稱為臭氧層破洞。當臭氧層破洞形成時，會增加照射到地面上的紫外線量。紫外線對人體有害，除了會引發皮膚癌、白內障等疾病，據說還會降低免疫力。

同時，還會影響生物的生長，破壞生態系，對農業和漁業造成影響。此外，臭氧層也具有加熱高空大氣的作用，因此一般認為臭氧層破洞的形成也會對氣候造成影響。

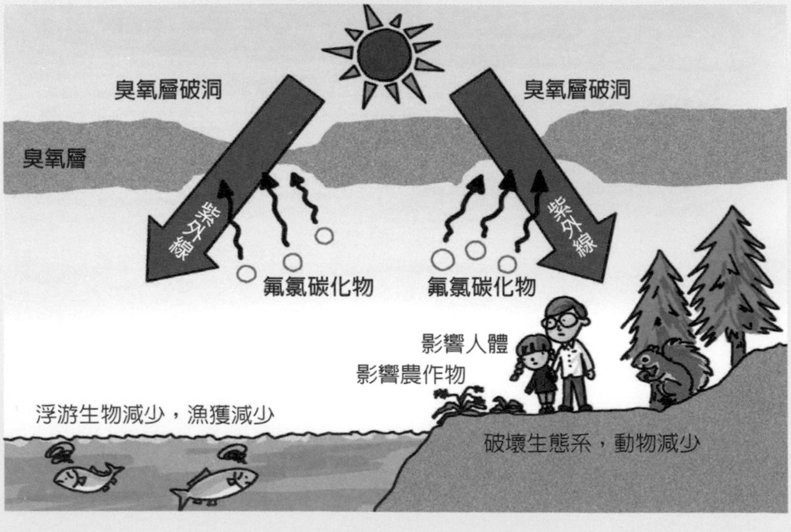

臭氧層破洞的成因

臭氧層破洞的形成原因是出現氟氯碳化物（CFCs）這種氣體。氟氯碳化物曾被使用在冰箱冷媒和噴霧氣體中，有不同的種類，具有不易分解的特性。排放到大氣中的氟氯碳化物沒有分解，而是到達高空，在紫外線照射下釋放出氯，這些氯會分解臭氧，人類大量排放的氟氯碳化物造成了臭氧層破洞。

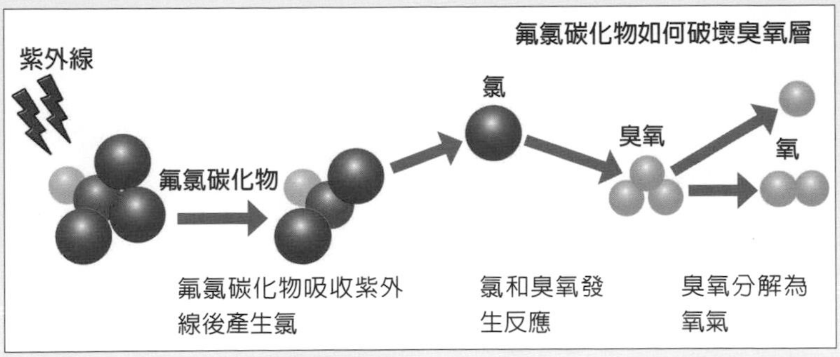

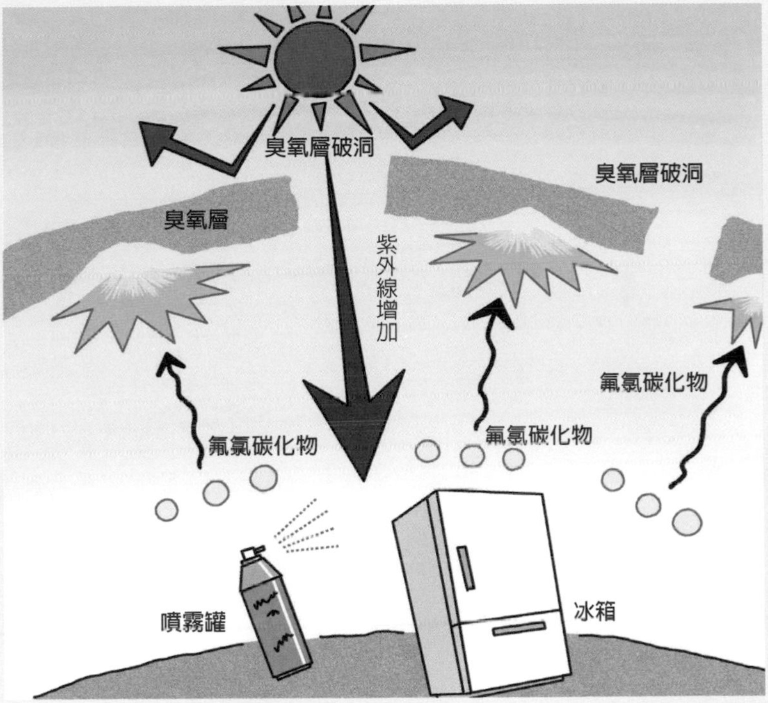

對地球暖化影響很大的氟氯碳化物

氟氯碳化物對地球暖化的影響遠遠超過二氧化碳。氟氯碳化物是在20世紀被製造的氣體，廣泛應用在冷媒、隔熱材料、發泡劑、清潔劑和噴霧等物品中。1974年曾有兩位美國科學家發表論文指出氟氯碳化物會破壞臭氧層，但氟氯碳化物的製造商未予以重視，導致臭氧層破洞形成。

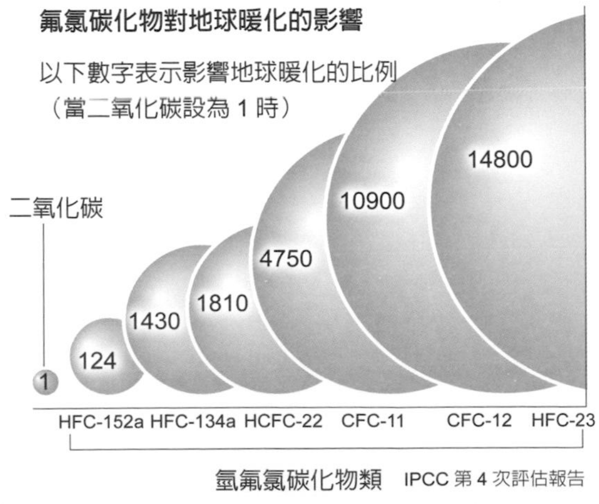

臭氧層破洞的現狀和對策

禁止使用氟氯碳化物之後，臭氧層破洞的狀況有所改善，但要恢復到原來的狀態還需要很長時間。

南極的臭氧層破洞

由於臭氧在低溫下很容易分解，因此臭氧層破洞在南極和北極上空形成。南極上空的臭氧層破洞從1980年代到2000年代初擴大。此後，氟氯碳化物受到限制，臭氧層破洞有縮小的趨勢。

然而，即使在最近幾年，臭氧層破洞的面積也有某幾年比較大。排放到大氣中的氟氯碳化物需要15~20年才會到達臭氧層，因為具有不易分解的性質，使氟氯碳化物的影響會持續很久。根據預測，臭氧層破洞可能要到21世紀末左右才會消失。

1979年10月

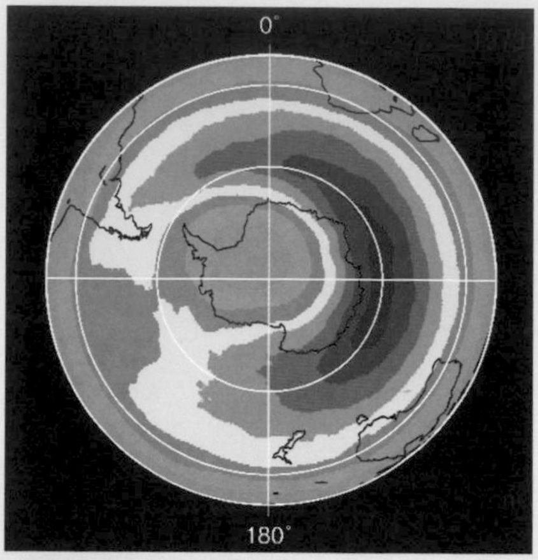

沒有臭氧層破洞的時期。

2001年10月

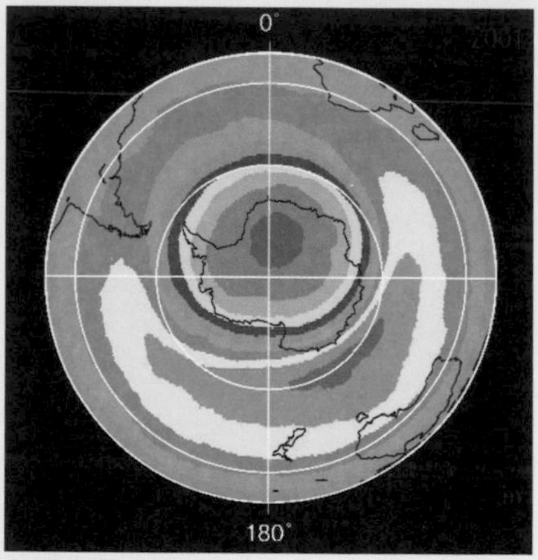

灰色區域為臭氧層破洞。

2021年10月

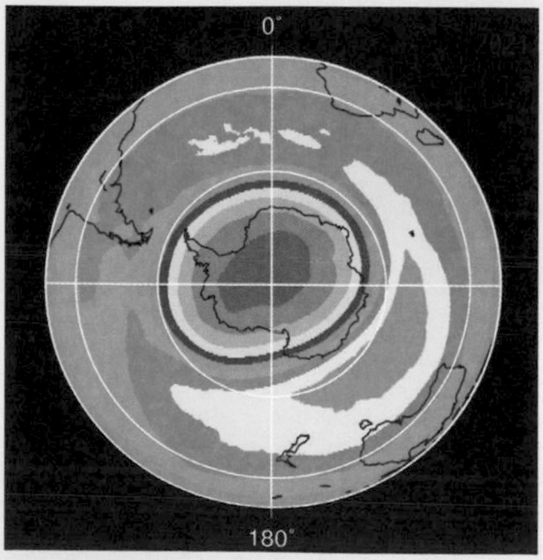

目前臭氧層破洞仍會有比較大的時候。

日本氣象廳資料

靠近南極且臭氧層較薄的澳洲，會在停車場、游泳池等設施設置阻擋紫外線的遮陽棚。 Shuang Li ／ Shutterstock.com

不增加氟氯碳化物的協議和法律

當人們意識到氟氯碳化物會導致臭氧層破洞時，國際社會達成共識協定不再排放氟氯碳化物。於1985年簽訂《保護臭氧層維也納公約》，1987年簽訂《蒙特婁破壞臭氧層物質管制議定書》。當時禁止使用對臭氧層破壞影響很大的氟氯碳化物（特定的氟氯碳化物）。

為此，日本在1988年制定了臭氧層保護法，除了避免使用氟氯碳化物之外，還回收氟氯碳化物，以防止它們再被排放到大氣中。

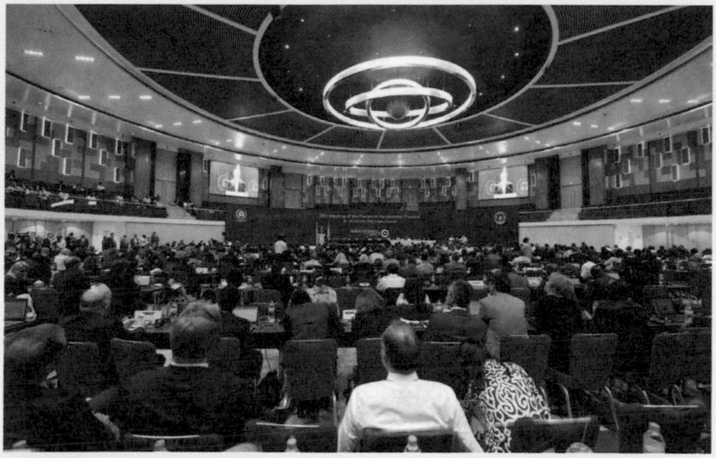

保護臭氧層的蒙特婁議定書締約國會議幾乎每年都會舉行。照片為2016年在盧安達舉行的會議。 Cynet Photo

正在回收氟氯碳化物。 信幸 Protec 株式會社（Shinko Protec Co., Ltd.）

為了保護臭氧層

為了防止臭氧層破洞進一步擴大，我們必須停止排放氟氯碳化物。選擇不含氟氯碳化物的產品，並在丟棄時按照家電回收法處理冰箱等物品。不含氟氯碳化物的產品會帶有無氟氯碳化物標章。

守ろう地球オゾン層
フロン回収にご協力願います

呼籲配合回收氟氯碳化物的氟氯碳化物回收推廣標章

日本經濟產業省

不使用氟氯碳化物的產品會帶有無氟氯碳化物標章

nonフロン
明日のために、ノンフロン。

套書索引

高月紘老師的話

地球暖化似乎是目前最受關注的全球環境問題。最近幾年地球的平均溫度急遽上升，人們擔心如果這種上升趨勢繼續下去，地球環境將受到毀滅性的損害，危及我們人類的生存。因此，近年來各國開始合作應對地球暖化，雖然特別針對被視為是暖化成因的二氧化碳氣體訂定減少排放量的協議，但這個問題並不容易解決。

世界各地幾乎每年都在報告極端天氣（氣候變遷）的情況。看來是因為地球暖化導致海水溫度上升的緣故。隨著海水溫度上升，似乎讓一直維持在穩定狀態的大氣環境發生巨大變化，進而帶來極端天氣。劇烈豪雨、40℃以上的高溫和龍捲風等現象也能在日本看到。地球暖化問題也是能源問題，為了解決這個問題，積極使用太陽光和風力等再生能源以及節約能源至關重要，也請大家在日常生活中盡量減少浪費能源的行為。

插畫為高月紘老師作品

參考書籍・資料

環境省編，《令和3年版　環境白書》
国立天文台編，《第６冊　環境年表2019－2020》，丸善出版
池上彰監修，《世界がぐっと近くなる　SDGs とボクらをつなぐ本》，学研プラス
九里徳泰監修，《みんなでつくろう！サステナブルな社会未来へつなぐ SDGs》，小峰書店
池上彰監修，《ライブ！現代社会2021》，帝国書院
帝国書院編集部編集，《新詳地理資料 COMPLETE2021》，帝国書院
朝岡幸彦監修、河村幸子監修協力，《こども環境学》，新星出版社
インフォビジュアル研究所著，《図解でわかる14歳からのプラスチックと環境問題》，太田出版
インフォビジュアル研究所著，《図解でわかる14歳から知る気候変動》，太田出版
齋藤勝裕著，《「環境の科学」が一冊でまるごとわかる》，ベレ出版
佐藤真久・田代直幸・蟹江憲史編著，《SDGs と環境教育ー地球資源制約の視座と持続可能な開発目標のための学び》，学文社
バウンド著、秋山宏次郎監修《こども SDGs　なぜ SDGs が必要なのかがわかる本》，カンゼン
細谷夏実著，《くらしに活かす環境学入門》，三共出版

國家圖書館出版品預行編目（CIP）資料

漫畫圖解－地球環境與 SDGs. 3, 防止地球暖化！ / 橘悠紀原作 ; Ogata Takaharu 漫畫 ; 邱韻臻翻譯 . -- 初版 . --
臺中市 : 晨星出版有限公司 , 2024.1
面； 公分
譯自 : マンガでわかる！地球環境と SDGs. 第 3 巻 , 防ごう！地球温暖化
ISBN 978-626-320-664-9（平裝）

1.CST: 永續發展 2.CST: 環境保護 3.CST: 地球暖化 4.CST: 漫畫

445.99 112016755

詳填晨星線上回函
50 元購書優惠券立即送
（限晨星網路書店使用）

漫畫圖解－地球環境與 SDGs3

防止地球暖化

マンガでわかる！地球環境と SDGs. 第 3 巻 , 防ごう！地球温暖化

監修 高月紘
原作 橘悠紀
漫畫 Ogata Takaharu
插畫 大石容子、岡本まさあき、フジタヒロミ、渡辺潔
翻譯 邱韻臻
主編 徐惠雅
執行主編 許裕苗
版面編排 許裕偉

創辦人 陳銘民
發行所 晨星出版有限公司
台中市 407 工業區三十路 1 號
TEL：04-23595820 FAX：04-23550581
E-mail：service@morningstar.com.tw
http：//www.morningstar.com.tw
行政院新聞局局版台業字第 2500 號
法律顧問 陳思成律師
初版 西元 2024 年 1 月 6 日
讀者專線 TEL：（02）23672044 /（04）23595819#212
FAX：（02）23635741 /（04）23595493
E-mail：service@morningstar.com.tw
網路書店 http://www.morningstar.com.tw
郵政劃撥 15060393（知己圖書股份有限公司）
印刷 上好印刷股份有限公司

定價 400 元

ISBN 978-626-320-664-9（平裝）